谁能吃掉谁

澳大利亚内陆食物链大揭秘

[美]丽贝卡·霍格·沃雅恩 唐纳德·沃雅恩/著 黄缇萦/译

中信出版集团·CHINACITICPRESS·北京

图书在版编目（CIP）数据

澳大利亚内陆食物链大揭秘 / (美) 丽贝卡 · 霍格 · 沃雅恩, (美) 唐纳德 · 沃雅恩著；黄缇萦译. -- 北京：中信出版社, 2016.11
（谁能吃掉谁. 第3辑）
书名原文: An Australian Outback Food Chain
ISBN 978-7-5086-6861-1

Ⅰ. ①澳… Ⅱ. ①丽… ②唐… ③黄… Ⅲ. ①陆地－动物－食物链－澳大利亚－儿童读物 Ⅳ. ①Q958.41-49

中国版本图书馆CIP数据核字(2016)第254547号

谁能吃掉谁系列丛书（第3辑）
澳大利亚内陆食物链大揭秘

著　　者：［美］丽贝卡 · 霍格 · 沃雅恩　唐纳德 · 沃雅恩
译　　者：黄缇萦
策划推广：北京全景地理书业有限公司
出版发行：中信出版集团股份有限公司
（北京市朝阳区惠新东街甲4号富盛大厦2座　邮编　100029）
（CITIC Publishing Group）
制　　版：北京美光设计制版有限公司
承 印 者：北京中科印刷有限公司

开　　本：889mm × 1194mm　1/16
印　　张：16
字　　数：272千字
版　　次：2016年11月第1版
印　　次：2016年11月第1次印刷
广告经营许可证：京朝工商广字第8087号
京权图字：01-2014-3240
书　　号：ISBN 978-7-5086-6861-1
定　　价：79.20 元（全四册）

服务热线：400-600-8099
投稿邮箱：author@citicpub.com

目 录

食物链大揭秘指南

对于这块土地的健康和存续而言，澳大利亚内陆的所有生物都是必不可少的。无论是红土地上跳跃着的袋鼠，还是桉树叶下鸣叫的蟋蟀，所有的生物都彼此关联着。动物和其他物种相互依存并相互传递能量，这就构成了食物链或食物网。

食物链中的植物和动物相互依存。有时食物链会突然中断，比如有一个物种灭绝了，就会影响食物链中的其他物种。

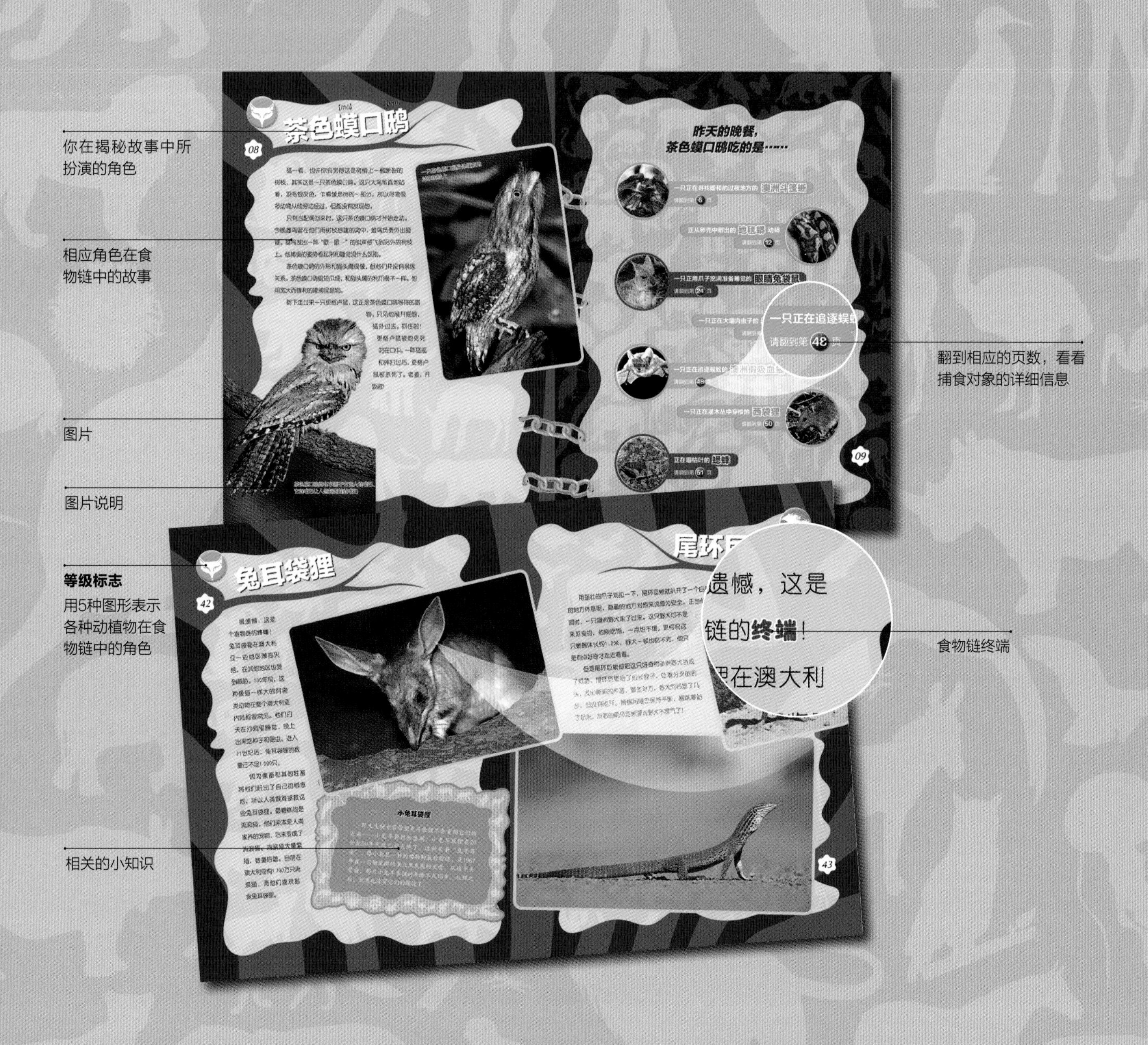

揭秘攻略

顶级消费者

那些天敌很少，以捕食其他动物为生的动物。在食物链中，最强大的捕食者被称为顶级消费者。

次级消费者

以其他动物为食的小型动物。次级消费者被顶级消费者捕食，同时，它们也是捕食者，通常捕食食草动物。

初级消费者

以植物为食的动物。

如果你的揭秘走到了终端，请回到目录，选择另一种顶级消费者（也就是一个新的角色），开始新的揭秘吧！

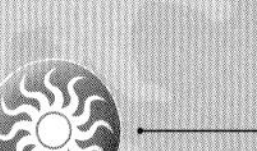

生产者

自己制造养分的生物，如植物。它们利用太阳的能量合成养分，还把营养提供给以它们为生的食草动物们。

分解者

以枯萎的植物或死亡的动物为食的生物，例如昆虫、细菌。

注意：在你的揭秘历程中，如果发现走了回头路或在意想不到的地方终止，请不要感到意外，因为这就是食物链错综复杂的特点。

特别提示

想了解更多有关澳大利亚内陆食物链的知识，请翻到第 28 页。

欢迎来到澳大利亚内陆

天刚刚破晓，你驾驶着小型飞机飞过澳大利亚内陆上空。向窗外望去，映入眼帘的是漫无边际的红土地，能看到的也只有这些了！澳大利亚内陆指的是澳大利亚的内陆地区，这里是世界上最平坦也最干燥的地方之一。

飞机缓缓降落，你会看到四周丛生的野草、簇拥的灌木和蓬乱的树木。红土地上白蚁巢堆积起来的土丘居然有一人多高。这是一片多么神奇的土地啊！

不过，我们来到这里并不只是为了探索澳大利亚内陆中部的红色沙漠。澳大利亚内陆十分辽阔，由许多不同的地形地貌组成。此次的澳大利亚内陆之旅，我们会看到起伏的沙丘、泥泞的沟谷、陡峭的岩壁、高耸的石堆以及蔓延生长的树木。

澳大利亚内陆的大部分地区白天烈日炎炎、炽热如火，而到了夜晚，动物们却冻得瑟瑟发抖。这里的动物最需要的就是水，但这片大陆可能数月甚至数年都不见一滴降雨，炎热和干燥使这里经常发生严重的火灾。

澳大利亚四面环海，使得它与世界其他部分遥遥相隔，许多生物也与其他地方不太一样。在澳大利亚内陆，你会看到我们这个地球上最为奇特的动物。住在“茧”中的贮水雨滨蛙、成群结队的穴兔、可爱的树袋熊、浑身是刺的短吻针鼹和善于跳跃的袋鼠都生活在澳大利亚内陆不同的生境中。好了，闲话少说，快让我们来认识一下这些生活在澳大利亚内陆的植物和动物吧。

澳洲野犬

02

随着一阵叫声，野犬妈妈把五只幼崽带回了他们的洞穴中。为了保护幼崽的安全，她在圆木下面掏了一个洞。但随着幼崽慢慢长大，他们也变得越来越勇敢，不怕离开家了。

成年的澳洲野犬体形和拉布拉多猎犬差不多，他们同属于犬科。虽然野犬妈妈和她的孩子们看上去就像温顺的家犬和可爱的小狗崽，但千万别傻傻地以为他们是宠物狗，他们是绝对的野生动物，和狼是近亲。在夜晚，我们可以不时地听到他们在嚎叫，就像狼一样。

野犬妈妈用力地咳出了几滴液体。你们可不要误认为她生病了，这液体是水，一转眼，幼崽们就如饥似渴地将水舔干净了。这是幼崽们在澳大利亚内陆炎热天气中能够喝到的唯一的水。

天快要黑了，野犬妈妈用鼻子爱抚着她的幼崽，哄他们入睡，然后离开洞穴去寻找食物，为孩子们准备晚餐。到了外面，她和另外两只野犬在黑暗中结伴去寻觅食物。

通常情况下，澳洲野犬的皮毛是棕褐色，脚和尾巴有白色的斑点，但有的野犬却是红黑相间。澳洲野犬越来越多地和家养的狗（驯服的狗，如宠物狗）交配并繁殖后代，这种混血繁殖使纯种的澳洲野犬变得越来越稀少。野生动物专家认为纯种的澳洲野犬已经濒临灭绝了。

野犬妈妈用鼻子嗅了嗅路旁一具动物的尸体。如果没有其他可充饥的食物，他们也会食用腐肉。当她正要靠近时，突然一辆越野车从附近的山路上急驰而来，车灯的强光使她睁不开眼，她吓坏了。

野犬们被吓得四散奔逃，远离了他们的食物。事实上，野犬们幸运地躲过了一劫，因为那具躺在路边的动物尸体并不是被车辆无意中撞死的，而是人们故意放在路边诱骗澳洲野犬食用的有毒诱饵。许多牧羊人痛恨澳洲野犬，因为他们总是捕食行动缓慢的羊群。所以，牧羊人常常射杀或毒死澳洲野犬。

几只野犬继续觅食。今晚只是在小范围内搜寻，但是他们每隔几天就会转移到新的地方。他们的活动范围大约有80平方千米。

防澳洲野犬篱笆

除了有毒诱饵，澳大利亚人还有其他办法防御澳洲野犬。19世纪80年代，澳大利亚人修筑了世界上最长的篱笆，以阻止野犬进入澳大利亚东南部地区，因为这里分布着许多大型牧场。铁丝栅栏的长度超过5 000千米，不过这种方法只取得了有限的效果。虽然在栅栏的南面很少能够看到澳洲野犬，但是问题随之而来。这些区域失去了澳洲野犬这种捕食者，导致袋鼠和穴兔数量激增，它们吃光了羊群赖以生存的牧草。

很快，野犬们发现了一只年幼的赤大袋鼠。这只袋鼠拼命跳着想逃跑，但是野犬们很快就包围并捉住了他。他们轮流撕咬着袋鼠肉。

填饱肚子之后，野犬妈妈准备返回自己的洞穴了。一路上，她吃的食物在胃里慢慢消化，以便于幼崽们的消化和吸收。回到洞穴后，她会把食物吐出来喂给她的孩子们——就像给这些小家伙喂水一样。

昨天的晚餐，澳洲野犬成功地捉到了猎物，她大口吞咽着……

从鸸鹋的巢穴中偷来的**鸸鹋**蛋

请翻到第10页

从一棵树跳到另一棵树上的**树袋熊**

请翻到第21页

一只**赤大袋鼠**

请翻到第34页

一只**澳洲袋鼬**

请翻到第38页

一窝**欧洲野生穴兔**幼崽

请翻到第40页

一只将头悄悄伸出洞穴的**兔耳袋狸**

请翻到第42页

一只被车撞死的**短吻针鼹**

请翻到第52页

一只藏在灌木丛中的**西袋狸**

请翻到第50页

澳洲斗篷蜥

06

一只年幼的斗篷蜥正在一块突起的石头上懒洋洋地晒着太阳。虽然还没有长大，但自从爬出蛋壳的那天开始，他就独立生存了。蜥蜴属于爬行类冷血动物，多晒太阳会让体内的血液变得温暖，移动更加迅速。

其他爬行动物也需要吸收太阳的热量，比如这条缓慢爬向岩石的地毯蟒，她发现了这只斗篷蜥。哈，已经几周没吃东西了，这么大的斗篷蜥正好够她饱餐一顿。于是，她悄悄地靠近了斗篷蜥。

似乎没有任何征兆，斗篷蜥突然张开大嘴，脸部周围衣领似的皮肤像自动伞一样猛地展开。这种皮肤被称为褶边或襞襟，能使他看起来更高大、更威猛。他咆哮着扑向地毯蟒。地毯蟒警觉地向后退了一下，但并没有退出很远。于是，斗篷蜥竖起尾巴，张大嘴，露出尖利的牙齿，看起来就像一只小型的凶猛恐龙。这副样子足以吓跑大多数动物。

但是这条蟒实在太饿了，而且没有被吓住，一转眼，又慢慢爬了过来。

斗篷蜥没办法，只好转过身子，用两条后腿站起来，迅速跑向最近的一棵树（你没看错，斗篷蜥会像人一样用两条腿跑）。他惊恐地往上爬，在树枝上趴了下来。没别的办法，他只有等着地毯蟒自己离开，幸好在树上还有足够多的食物可以吃。

昨天的晚餐，澳洲斗篷蜥吃的是……

一只刚刚孵出的**虎皮鹦鹉**幼崽

请翻到第 26 页

围着一只死袋鼠嗡嗡飞的**澳洲灌木蝇**

请翻到第 39 页

刚从卵壳中孵出来的**蟋蟀**

请翻到第 51 页

茶色蟆【má】口鸱【chī】

猛一看，也许你会觉得这是树梢上一截断裂的树枝，其实这是一只茶色蟆口鸱。这只大鸟笔直地站着，羽毛银灰色，乍看像是树的一部分，所以尽管很多动物从他旁边经过，但都没有发现他。

只有当配偶回来时，这只茶色蟆口鸱才开始走动。今晚雌鸟留在他们用树枝搭建的窝中，雄鸟负责外出猎食。雄鸟发出一阵"嗷——嗷——"的叫声便飞到另外的树枝上。他捕食的姿势看起来和睡觉没什么区别。

茶色蟆口鸱的外形和猫头鹰很像，但他们并没有亲缘关系。茶色蟆口鸱腿短爪细，和猫头鹰的利爪很不一样。他用宽大而锋利的喙捕捉猎物。

树下走过来一只更格卢鼠，这正是茶色蟆口鸱等待的猎物。只见他展开翅膀，猛扑过去。抓住啦！更格卢鼠被他死死叼在口中。一阵猛摇和摔打过后，更格卢鼠被杀死了。老婆，开饭啦！

一只茶色蟆口鸱身体绷直地站在树枝上

茶色蟆口鸱的名字源于它宽大的嘴巴，它的嘴巴让人想起青蛙的嘴巴

昨天的晚餐，茶色蟆口鸱吃的是……

一只正在寻找暖和的过夜地方的 **澳洲斗篷蜥**

请翻到第 6 页

正从卵壳中孵出的 **地毯蟒** 幼蟒

请翻到第 12 页

一只正用爪子挖洞准备睡觉的 **眼镜兔袋鼠**

请翻到第 24 页

一只正在大嚼肉虫子的 **袋鼹**

请翻到第 29 页

一只正在追逐蜈蚣的 **澳洲假吸血蝠** 幼崽

请翻到第 48 页

一只正在灌木丛中穿梭的 **西袋狸**

请翻到第 50 页

正在嚼枯叶的 **蟋蟀**

请翻到第 51 页

【ér】【miáo】
鸸鹋

鸸鹋爸爸趴在巢穴里，接下来的55天他会一动不动，不吃、不喝、不上厕所。不过他的辛苦没有白费，他身体下面孵的蛋变颜色了，从墨绿色变成浅灰色，他的孩子们就要出生了。

鸸鹋用自己的翅膀遮挡澳大利亚内陆强烈的太阳光。因为不会飞，他们的翅膀已经变得又小又弱。不过，鸸鹋爸爸翅膀上那些下垂的羽毛依然能够给窝里的蛋提供足够的阴凉。

突然，一只尾环巨蜥从灌木丛中钻出来。他在寻找容易得手的目标——或许是几个蛋。鸸鹋爸爸很快做出反应——他伸长脖子，响亮地大叫起来。他的长脖子使他的叫声越发响亮，甚至3千米外的动物都能听见。

尾环巨蜥被鸸鹋的大叫吓跑了。他应该庆幸鸸鹋爸爸没有站起来，因为鸸鹋有踢腿的绝招，可以轻易地踢死尾环巨蜥。得胜的鸸鹋爸爸回到自己的巢穴，发现一个鸸鹋蛋滚了出来，他把这个蛋轻轻推回到了巢穴的中央。

他还需要坚持54天。

当鸸鹋准备进食时，
他就会吃……

请翻到第18页

地毯蟒【mǎng】

35，36，37。

37个地毯蟒的卵躺在树洞里，他们的大小和高尔夫球差不多。地毯蟒妈妈将2米长的身体盘绕在卵上。她身体的花纹是黑褐色的，和周围的枯叶没有区别。她的身体能让卵保持合适的温度，直到幼蛇孵化出来。

和所有蛇类一样，地毯蟒是冷血动物。温血动物能够自己调节热量，保持体温稳定，而冷血动物体内的热量需要从外部获得，如阳光。澳大利亚内陆的夜晚比较寒冷，因此当太阳落下后，地毯蟒便开始活动肌肉，这类运动有助于提高体温。

保持体温稳定既可以让地毯蟒不被冻僵，同时还决定着地毯蟒孵化出的幼体的性别。如果孵化温度高一些，地毯蟒妈妈就会有更多的男宝宝。

正当地毯蟒妈妈休息时，一只澳洲野犬正在树洞周围转来转去地觅食。他用爪子抓着树干，鼻子伸进洞里嗅着里面的树叶。“啪！”就像抽鞭子一样，地毯蟒猛地窜过来，咬了一口野犬的鼻子。野犬惨叫着逃跑了，地毯蟒又重新回到树洞里，守着她的宝宝。

地毯蟒不是毒蛇，其捕猎的方式是溜到近前，用身体将猎物缠住，越勒越紧，直到猎物窒息而死。然后地毯蟒会把猎物整个儿吞下，慢慢消化。

当地毯蟒妈妈守护她的卵时，很少吃东西，总是利用身体储备的能量使卵保持温暖。

昨天的晚餐，地毯蟒出去觅食并一口吞下了……

一只正在石头上晒太阳的 **澳洲斗篷蜥**

请翻到第 6 页

一只正在捕食老鼠的 **茶色蟆口鸱**

请翻到第 8 页

一只打盹的 **眼镜兔袋鼠**

请翻到第 24 页

一只溜出窝来玩儿的 **鸸鹋** 幼崽

请翻到第 10 页

一只正待在巢穴边的 **虎皮鹦鹉**

请翻到第 26 页

一只在错误时间将头伸出洞穴的 **袋鼹**

请翻到第 29 页

一只正在白蚁巢上休息的 **尾环巨蜥**

请翻到第 43 页

一只藏在灌木丛中的 **西袋狸**

请翻到第 50 页

湾鳄

在白天的酷热中，一只湾鳄终于找到了一处阴凉的地方。他将身体潜入小水潭的泥水中。但是由于天气酷热，水分会不断蒸发，小水潭将慢慢变干。过不了几周，湾鳄就得去找新的水潭了。

此时，湾鳄正在水里舒展着6米长的身体，等待着其他动物过来饮水。他只需要张开满是尖牙的大嘴咬上一口，就能让大多数猎物丧命。而那些没有被咬死的猎物，也会被拖入水中淹死。

湾鳄感到水潭旁边有动静，于是脚踩着水底观察。那不是猎物，而是另一条体型较小的湾鳄，因为原来的水潭干涸后小湾鳄不得不出来寻找新的水源。大湾鳄尾巴一摆，飞快地掠过小水潭。他一声怒吼，冲出水面怒视着面前的小湾鳄。“喂！这里是我的地盘！”小湾鳄开始还想挑战一下，可一转眼他就退却了。大湾鳄在后面又追了几步，确认入侵者走远了才罢休。

聪明的湾鳄

湾鳄是世界上最聪明的爬行动物之一，它们使用四种不同的叫声进行沟通。幼鳄在卵中叽叽喳喳，是告诉湾鳄妈妈他们要出来了；刚孵化出的湾鳄幼崽在遇到危险时会发出求救信号；长大一些的湾鳄在寻找配偶时会发出低沉、长时间的咆哮；而当它们发出嘶嘶和咳嗽声时，说明它们不想被打扰。

湾鳄是世界上体型最大、最危险的鳄鱼。他们能够杀死体型较大的猎物，包括人类。事实上，人们曾经因为非常害怕湾鳄而对湾鳄大开杀戒。直到这些鳄鱼濒临灭绝时，这样的猎杀才停止。幸运的是，近年湾鳄的数量有了大幅回升，他们在大自然中的生存状况也不错。

昨天的晚餐，湾鳄咬住了……

一条正在河边嗅来嗅去的 **澳洲野犬**

请翻到第 2 页

一只正从灌木丛中爬出来的 **眼镜兔袋鼠**

请翻到第 24 页

一只停下来喝水的 **赤大袋鼠**

请翻到第 34 页

一只正在沙漠上奔跑的 **澳洲袋鼬**

请翻到第 38 页

一只正在用爪子寻找种子的 **兔耳袋狸**

请翻到第 42 页

一只刚从泥潭中钻出来的 **贮水雨滨蛙**

请翻到第 46 页

请翻到第 52 页

澳大利亚内陆的植物

无论是长叶、针叶还是阔叶，澳大利亚内陆的植物必须能够抵抗强烈的太阳光、寒冷的夜晚以及几个月甚至几年无雨的干旱。要想存活，这些植物必须足够顽强。这意味着这些植物必须尽力保存每一滴水，还要不被那些食草动物啃掉。

由于高大，树木比其他植物需要更多的水分。所以在澳大利亚内陆，树木的数量不多。那些能够存活的树木已经适应了——最大限度地改变自身以适应环境。

低金合欢树或金合欢树广泛分布在澳大利亚内陆。它们身上的刺使许多动物不敢接近。猴面包树的树干很粗壮，里面储存了大量水分。有时澳大利亚内陆的土著居民在口渴难耐时，会从猴面包树树干里取水。

相比其他树种，桉树的生长则需要更多的水分。但是一些桉树却能生长在干燥的地区。它们的叶子很小，表面有蜡质保护层，能够储存或保持水分。那些臭烘烘的叶子本身有毒，谁都会中招儿——只有树袋熊除外。

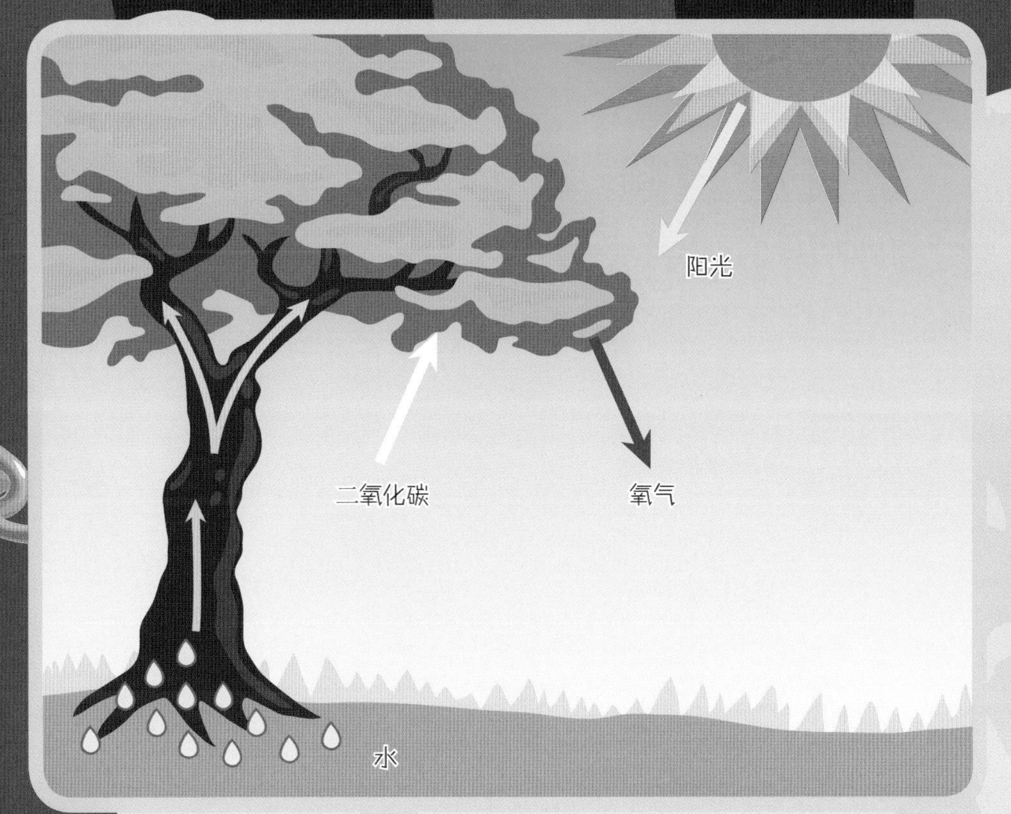

光合作用

植物通过光合作用制造食物和氧气。植物吸收二氧化碳和水，利用来自阳光的能量把它们转化为自己的食物。

在澳大利亚内陆的一些地方，草丛很密、很高；而在另一些地方草丛却是低矮、斑驳的。无论什么样，这些草丛都会给动物们提供食物和水分。如果有一天下雨了，那么澳大利亚内陆的大地上就会开满各种颜色的花。

如果没有阳光、水分和养料，植物就无法存活。植物的叶子从空气中吸收二氧化碳，植物的根从土壤中汲取水分和养分，然后利用太阳光将二氧化碳和水分转化为养料。有些植物的养料还来自动物的死尸。在动物尸体腐烂的过程中，细菌又将尸体分解成养分。

昨天的晚餐，它们从土壤中吸收的养分来自……

一具 **澳洲野犬** 的尸体

请翻到第 2 页

一具 **湾鳄** 的尸体

请翻到第 14 页

一具 **树袋熊** 的尸体

请翻到第 21 页

一具 **楔尾雕** 的尸体

请翻到第 30 页

一具 **赤大袋鼠** 的尸体

请翻到第 34 页

枯萎的 **澳大利亚内陆的植物**

请翻到第 18 页

一群 **澳洲灌木蝇** 的尸体

请翻到第 39 页

一具 **澳洲假吸血蝠** 的尸体

请翻到第 48 页

树袋熊

这只树袋熊蜷缩在桉树的树枝中间。因为树枝离下面的水潭很高，树袋熊凭着他们的长爪子和特别的大拇指，能够在自己的栖息地高枕无忧。她确实能够在高高的树枝上睡觉，而不会掉下来，实际上也没有什么东西能够吸引她下来。树袋熊行动缓慢，超级喜爱睡觉——有时一天能睡18个小时。

在饿的时候，树袋熊就侧过身去，用她硕大、极其敏感的鼻子去嗅树叶。她很挑食，在放入口中之前她会认真地嗅每一片叶子，只有遇到喜欢的叶子才会吃下去。要知道，澳大利亚有600多种桉树供他们挑选呢。

树袋熊是食草动物。一只成年树袋熊每天可以吃1千克桉树叶子。

吃完之后，树袋熊要活动一下了，其实也就是慢慢地爬一爬。紧紧趴在她背上的是她的幼崽——他们长得可真像，宝宝简直就是妈妈的迷你版。

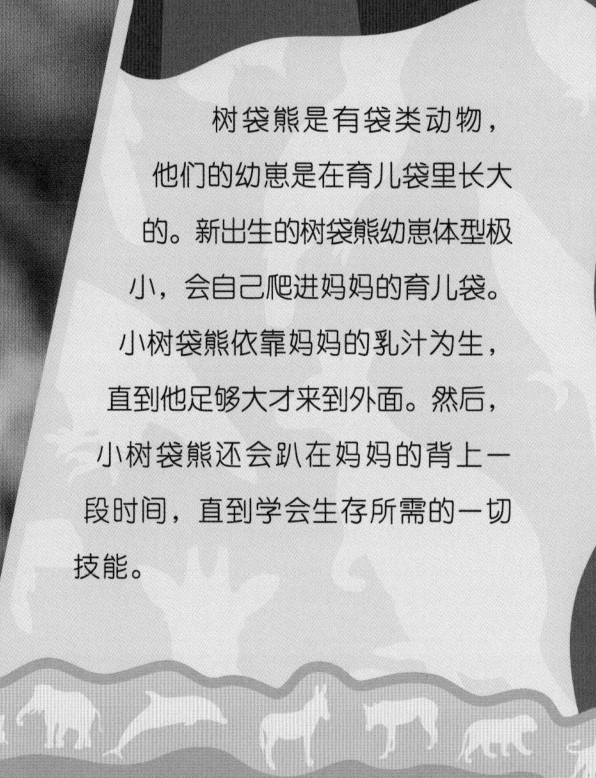

树袋熊是有袋类动物，他们的幼崽是在育儿袋里长大的。新出生的树袋熊幼崽体型极小，会自己爬进妈妈的育儿袋。小树袋熊依靠妈妈的乳汁为生，直到他足够大才来到外面。然后，小树袋熊还会趴在妈妈的背上一段时间，直到学会生存所需的一切技能。

不是泰迪熊

树袋熊长相可爱，生有一对毛茸茸的大耳朵、泰迪熊一样的大鼻子，行动慢悠悠，一脸睡不醒的模样。超级萌！但是要小心，它的性格绝没那么温顺。如果其他动物（包括人类）靠得太近，树袋熊会发怒。首先，它们会发出警告声，然后就会挥起那又长又黑的爪子。

要是知道人类将其视为熊的一种，树袋熊也许会不高兴，因为熊和树袋熊并没有亲缘关系。

昨天的晚餐，树袋熊用鼻子嗅着并吞下了……

澳大利亚内陆的植物，比如美味的桉树叶子

请翻到第 18 页

眼镜兔袋鼠

烈日炎炎，但眼镜兔袋鼠正在有高高的茂草遮阴的窝里舒适地躺着。没有什么动物能比眼镜兔袋鼠更好地适应澳大利亚内陆极端的气候了。他的皮毛有两种颜色，使他能够同时抵御寒冷和酷热。像今天这样的大晴天，他浅色的皮毛能够反射强烈的太阳光，使身体保持凉爽。

但是如果不下雨或没有水喝怎么办？没问题！他能够从早晨的露水和所食的叶子中获取水分。他的肾脏是所有哺乳动物中效率最高的。一般来说，动物的肾脏通过排尿的方式将身体内的废物排出体外，而眼镜兔袋鼠的肾脏只需要消耗体内的一点点水分就可以完成这个工作。

他伸展着身体，喘息着。这种喘息有助于保持体温稳定，也会产生一些湿气。动物呼出的气体中包含着水分，眼镜兔袋鼠甚至会将呼出的这点水分再加以利用，重新吸收到胃里。

眼镜兔袋鼠在酷热的白天不会浪费宝贵的体能，但是到了傍晚，他就会活跃起来，寻找食物。

威胁

像其他袋鼠类动物一样，眼镜兔袋鼠的数量越来越少。澳大利亚内陆的一些新的外来动物威胁到了眼镜兔袋鼠的安全和食物来源。比如，人类把狐狸和家猫等动物带到了澳大利亚内陆，这些动物会捕食眼镜兔袋鼠。其他的外来动物，如牛和兔子，虽然不捕食它们，但是却吃掉了它们食用和搭窝的草。人类的活动也改变了眼镜兔袋鼠的生境。由于人类建造的房屋和道路越来越多，眼镜兔袋鼠的生存空间已经被急剧压缩。

昨天的晚餐，眼镜兔袋鼠吃了……

澳大利亚内陆的植物

请翻到第  18 页

虎皮鹦鹉

虎皮鹦鹉正在地上觅食，但他并不吃小虫子或种子，而是吃泥土，这是因为土壤中含有虎皮鹦鹉需要的矿物质。

喝了一口水后，他飞离了水潭，落到一棵桉树的树梢上，这里的树枝间栖息着他的终身配偶。雄鹦鹉的颜色是常见的绿色和黄色，而雌鹦鹉却是罕见的蓝色。他们一起用小树枝在树上搭起了自己的“家”。

这些天雌鹦鹉比较忙。趁着下小雨的时候，她每隔两天就在巢里产一个卵。虎皮鹦鹉一般要产6～8个卵，会按照次序，每两天孵出一只小鹦鹉。雄鹦鹉也不轻松，在卵孵化后，他就要负责照顾小鹦鹉。

在周围的树枝上还有一大群鹦鹉。他们亲热地互相打量着，叽叽喳喳地叫着，梳理着美丽的羽毛。当夜晚来临，鹦鹉们就会安静下来，簇拥到一起，彼此取暖，互相照应。

虎皮鹦鹉的群居性

虎皮鹦鹉是群居性动物，每一群大概有20～60只。它们的一生都是在群体中度过的。在群体内，它们有很强的秩序意识。如果一只虎皮鹦鹉擅自飞离，其他的虎皮鹦鹉就会追上去，强迫它返回群体。虎皮鹦鹉的这种群体行为意识让它们表现出神奇的飞行技巧。1 000只虎皮鹦鹉可以同时向同一个方向飞行，然后全体在一瞬间转向另一方向——不会发生追尾和相撞。

昨天的晚餐，
虎皮鹦鹉吞下了……
澳洲灌木蝇
请翻到第 39 页
一两只 蟋蟀
请翻到第 51 页

澳大利亚内陆食物链

在澳大利亚内陆，能量在食物链中进行传递，从太阳传到植物，从植物传到植食动物，再传到捕食它们的其他生物。能量还会从死亡动物的尸体传递到植物和其他吃腐肉为生的动物。

【yǎn】

袋鼹

或许你认为自己曾经看到过袋鼹在沙漠中蹦蹦跳跳，但其实这种机会是很少的。袋鼹正濒临灭绝，这里就是食物链的一个**终端**。

导致袋鼹数量减少的原因很多。人们曾为获得浅黄色的皮毛而捕杀他们；澳洲野犬、欧林猫和狐狸也捕食他们；甚至，人类用于运输和开矿的大型卡车将地面碾压得十分结实，也使袋鼹因为无法挖洞而丧命。

袋鼹天生会挖洞，身体的各个器官都适于在沙土中“游泳”。他们利用坚硬的鼻子和前爪进行挖掘，结实的脊柱也使他们成为强大的挖掘者。袋鼹的视力已经退化，所以不怕尘土迷眼。在地下，袋鼹最喜爱的猎物是昆虫的幼虫。

【xiē】

楔尾雕

楔尾雕展开巨大的双翅在澳大利亚内陆的天空中翱翔。这种鸟很容易辨认，是澳大利亚最大的掠食性鸟类，且具有独特的楔状尾羽。

楔尾雕看上去飞得很轻松，但事实上她需要不断地调整翅膀上的肌肉以更好地适应风力。只需要扇动几下翅膀，她就可以飞得更高。现在她的高度就达到了1 800米！楔尾雕倾斜着翅膀准备转弯，翅膀下的地方就是她的领地，她要经常盘旋巡视。

楔尾雕翼展（双翼展开时两侧翅膀尖之间的距离）很宽，一只成年雌性楔尾雕的翼展可达2.3米

看那儿！一只兔子正在空地上悠闲地跳着，大概在找早餐。楔尾雕调整翅膀的角度向下飞去，然后低低地俯冲过地面，一下就把兔子抓了起来。

捕捉兔子对楔尾雕来说易如反掌。她能够从3 000米之外的高空发现兔子的踪迹。带着兔子飞起来也不算难事——她可以抓起相当于自己体重一半的猎物。有时她与其他楔尾雕成群结伴，可以捕食一只成年大袋鼠。

楔尾雕用锋利的爪子抓住兔子，飞回巢穴，她的配偶在里面休息，用身体为两个卵保温。在卵孵化前的45天中，雄鸟和雌鸟会轮流出去觅食。在幼鸟孵化出来的最初30天，鸟爸爸负责觅食，鸟妈妈会留在家里陪伴孩子们，很温馨哦！

巢穴

楔尾雕通常在最高的树上搭建自己的巢。它们中的一些生活在澳大利亚内陆树木罕见的地方。在这种情况下，它们会利用大量的树枝将自己的巢穴搭建在岩石峭壁上。雌鸟和雄鸟还会不时地在巢里铺上一层新鲜的树枝，但它们搭建的技术似乎不太高明，因为我们经常可以在峭壁下面看见一大堆树枝——在搭巢时掉落下去的。

昨天的晚餐，她与配偶分享了……

一只在空地上被抓住的**澳洲袋鼬**

请翻到第38页

一只被车撞死的**短吻针鼹**

请翻到第52页

一只跑过开阔地的**欧洲野生穴兔**

请翻到第40页

一条在岩石上晒太阳的**地毯蟒**

请翻到第12页

一只飞行中的**虎皮鹦鹉**

请翻到第26页

一只在和蜥蜴玩儿的**澳洲野犬**幼崽

请翻到第2页

一只和妈妈走散的幼年**赤大袋鼠**

请翻到第34页

一只捉昆虫的**袋鼹**

请翻到第29页

赤大袋鼠

嘭！嘭！这是赤大袋鼠跑过去的声音。她巨大的后肢紧紧并在一起，小小的前肢蜷在胸前。每次跳跃，她的那双大脚都用力地蹬着红色的土地。袋鼠脚后的肌腱（强壮的纤维状组织）就像橡皮筋一样，可以伸展再弹回。正是这种弹力赋予了袋鼠跳跃的能力，让她每一次能跳出6米远。所以在前进时，袋鼠大部分时间都是跃起在空中的。

袋鼠简直就是为运动而生的！他们在跳跃时，甚至无需呼吸。每次落地的冲击力都会自动将他们肺部的空气挤进和挤出。

袋鼠每小时能跳48千米，但今天袋鼠妈妈没有那么快。她的孩子正在旁边跟着跳呢，为了能让这个小家伙赶上，袋鼠妈妈故意跳得慢一些。

突然，袋鼠妈妈警觉地抬起头，一个影子掠过了地面——楔尾雕！危险！小袋鼠想钻进妈妈肚子上的育儿袋中，但是袋鼠妈妈肚袋子周围的肌肉却是松松的，结果小袋鼠又掉了出来。他疑惑地看着妈妈：妈妈为什么不想保护我了呢？

袋鼠妈妈用身体紧紧地护着小袋鼠。育儿袋是进不去了，因为这只小袋鼠已经长大，而且现在袋鼠妈妈的育儿袋中还有一个更小的袋鼠宝宝呢。

赤大袋鼠是世界上最大的有袋类动物。成年雄性赤大袋鼠身高2米，体重达90千克

袋鼠属于有袋类动物，这些动物很特别，她们用肚子上的育儿袋养育幼崽。几天之前，一只拇指大小的袋鼠幼崽出生了。新出生的小袋鼠浑身粉红，没有毛发，需要一个安全的地方成长。于是，新出生的小袋鼠沿着妈妈的皮毛爬到育儿袋中。在长得更壮更大之前，新生的小袋鼠一直待在育儿袋中，这里很安全。

雌袋鼠几乎不停地孕育小袋鼠。她们通常会将自己的孩子抚养到一岁左右。所以，雌袋鼠身边通常有好几只幼崽，一只在窝里，另外一只在育儿袋中，最大的小袋鼠就跟在妈妈身边。

现在该让长大的小袋鼠独自生活了。在等着楔尾雕飞走的时候，赤大袋鼠妈妈舔了舔小袋鼠的脸，这是把细菌传递给他。这些细菌是生活在动物的胃和口中的微生物，它们有助于小袋鼠消化吃下去的牧草。袋鼠是食草动物，只吃植物。袋鼠母子在不停地吃草，由于牧草本身没有多少营养，所以他们需要吃大量的牧草维持生存。

小袋鼠可以将坚韧的牧草和树叶咬碎。袋鼠的下颚由两个部分组成，中间有一条富有弹性的韧带。每次大口吃牧草时，小袋鼠下颚的下半部分就会向两边张开，这就使得他每次能够吃更多的牧草。

神奇的腿

袋鼠的腿让它们健步如飞。科学家将袋鼠放在跑步机上，结果有了一些非同寻常的发现。和其他多数动物不同，袋鼠不用使出全力高速奔跑，它们高速奔跑时疲劳的程度和低速奔跑时相同。事实上，低速奔跑时，袋鼠显得更笨拙。原因是它们的两条后腿不能分开迈步，所以步行就显得很费劲。吃草的时候，它们用前爪和尾巴保持身体平衡，走起来好像瘸腿一样。

但是到了水中就是另一种情形了，袋鼠好像又突然能够将后腿分开行动了。凭借巨大的双脚，袋鼠是非常棒的游泳高手。

吞下牧草后，他用臼齿咀嚼牧草。臼齿破损后会脱落，后面会长出新牙齿来接替。有时袋鼠长不出新牙，就会因为不能吃草而饿死。但多数袋鼠的生命周期很短，基本不会出现这种情况。

在小袋鼠的身旁，袋鼠妈妈正在大声喘息。太阳升起来了，气温也在慢慢升高，他们该休息了，等太阳落下后凉快时再吃东西。袋鼠妈妈用后脚在泥土中刨出了一个洞，这样就凉爽多了，小袋鼠也挤了进来。他们开始舔吮自己的前肢——不过不是为了保持卫生，而是因为前爪上有丰富的血管，让这些血管保持湿润会使全身凉爽。今天澳大利亚内陆的温度是43℃，他们会想尽一切办法给自己降温。

昨天晚餐，
袋鼠妈妈和她的孩子吃了……

澳大利亚内陆的植物
请翻到第18页

澳洲袋鼬【yòu】

澳洲袋鼬猛扑向一只蟾蜍，这只蟾蜍的大小足够他美餐一顿。青蛙和蟾蜍是袋鼬最喜爱的食物。但这只蟾蜍的到来对袋鼬来说可是个坏消息，因为这是一只海蟾蜍，毒性很强。澳洲袋鼬毫不知情，开心地大嚼美味。他必死无疑了，这是一个食物链的**终端**。

海蟾蜍

海蟾蜍于1935年被引入澳大利亚。当时甲壳虫大肆毁坏澳大利亚的甘蔗地，于是人们将海蟾蜍放到地里去捕食甲壳虫，但是海蟾蜍很快泛滥到了其他地区。与澳大利亚本土的其他青蛙和蟾蜍不同，海蟾蜍能杀死多数捕食他们的动物，他们不仅威胁到澳洲袋鼬，还对其他许多动物构成威胁。

澳洲灌木蝇

一只雌性澳洲灌木蝇嗡嗡地落在一只打盹儿的澳洲野犬的鼻子上。野犬打了个喷嚏，灌木蝇被喷了起来。她又落在了野犬的眼睛上，野犬晃了晃头。灌木蝇不甘心，又飞到野犬爪子的一道伤痕上，野犬投降了，不再赶灌木蝇了。

如果说几只澳洲灌木蝇的打扰还可以忍受的话，那么面对几百万只灌木蝇会怎样呢？在澳大利亚内陆的任何地方，都会有成群的澳洲灌木蝇围着你。在澳大利亚生活，澳洲灌木蝇是司空见惯了。

雌性澳洲灌木蝇极令人厌烦且非常顽固。因为她需要获取身体所需的蛋白质，没有蛋白质她就不能产卵，而这些蛋白质只能从动物的泪水、唾液、鼻涕、血液、尿液或粪便中获得。如果不这么坚持不懈，澳洲灌木蝇这一物种就无法存活。

得到蛋白质后，澳洲灌木蝇就离开了。她开始寻找产卵的地方，幸运的是，她在附近发现了澳洲野犬的粪便，这是产卵的最佳地方。只需几个小时，产下的卵就会孵化成蛆，然后蛆会钻进地下，一直在土壤里生长，直到长成下一代灌木蝇。

澳洲灌木蝇是分解者，以枯萎的植物为生，并将植物分解成养分。这些养分留在土壤中，供其他植物和动物吸收。

昨天的晚餐，
澳洲灌木蝇的幼虫（蛆）食用了……

粪便中的澳大利亚内陆的植物

请翻到第 18 页

欧洲野生穴兔

欧洲野生穴兔用他的门牙咬碎了一丛牧草，吃完后，在地上刨着土。啊，下面还有美味的植物呢，他开始啃草根。当他蹦蹦跳跳离开时，整株植物都被吃光了，再也不会有新的牧草长出来了。

欧洲野生穴兔不是澳大利亚的本土动物。18～19世纪，欧洲殖民者将穴兔带到了澳大利亚东南部，之后穴兔大量繁殖，数量激增。几年之内，澳大利亚大陆南部和中部地区就有了几百万只穴兔。

穴兔庞大的数量对环境的破坏极大。他们吃光了牧草和本土植物，使其他动物几乎没有植物可食用。此外，穴兔还造成了几种哺乳动物的灭绝。其他种类的动物和植物也受到穴兔的威胁。

穴兔对植物的破坏还造成了水土流失。由于没有植物的根来固定土壤，土壤就被风吹走了。水土流失已经给澳大利亚的农业造成了损失。

为了控制穴兔的数量，澳大利亚人开始猎杀穴兔，在兔子的窝或他们的栖息地下毒。人们还特意在穴兔群中引入了传染病。

这些方法的确杀死了大量的穴兔，但是1只雌性穴兔每年可以生产5窝幼兔，每窝4～5只。而仅仅4个月后，这些幼兔就开始生产自己的后代了。像这种生育能力极强的动物，要控制他们的数量确实很困难。直到今天，澳大利亚人仍在寻找穴兔问题的解决方案。

你可以计算一下，如果按每窝4只幼兔中有一半是雌兔来算，那么这一对穴兔在一年后会变成多少只呢？

防兔篱笆

1901年，澳大利亚人在澳大利亚西部修筑了一条长3 256千米的防兔篱笆。篱笆很高，穴兔跳不过去；篱笆下面也挖得很深，这样穴兔就不能从下面掏洞。但是和其他预防穴兔的措施一样，这种方法也不太成功，因为在1907年篱笆工程完成之前，许多穴兔早已溜进篱笆里去了。

穴兔在不停地吃着东西。昨天的晚餐，他吃了……

澳大利亚内陆的植物

请翻到第  18 页

兔耳袋狸

很遗憾，这是个食物链的**终端**！兔耳袋狸在澳大利亚一些地区濒临灭绝，在其他地区也受到威胁。100年前，这种像猫一样大的有袋类动物在整个澳大利亚内陆都很常见。他们白天在沙洞里睡觉，晚上出来吃种子和昆虫。进入21世纪后，兔耳袋狸的数量已不足1000只。

因为家畜和其他牲畜将他们赶出了自己的栖息地，所以人类很难拯救这些兔耳袋狸。最糟糕的是流浪猫，他们原本是人类家养的宠物，后来变成了流浪猫。流浪猫大量繁殖，数量倍增。目前在澳大利亚有1700万只流浪猫，而他们喜欢猎食兔耳袋狸。

小兔耳袋狸

野生生物专家希望兔耳袋狸不会重蹈它们的近亲——小兔耳袋狸的悲剧，小兔耳袋狸在20世纪50年代就已经灭绝了。这种长着“兔子耳朵”、像小袋鼠一样的动物的最后踪迹，是1967年在一只楔尾雕的巢穴里发现的头骨。从这个头骨看，那只小兔耳袋狸的年龄不足15岁。从那之后，就再也没有它们的踪迹了。

尾环巨蜥

用强壮的爪子划拉一下，尾环巨蜥就扒开了一个白蚁巢。这只大蜥蜴正在寻找舒适的地方休息呢，隐蔽的地方对他来说最为安全。正当他在白蚁巢上挖洞时，一只澳洲野犬走了过来。这只野犬可不是来觅食的，他刚吃饱，一点也不饿。更何况这只蜥蜴体长约1.2米，野犬一顿也吃不完，他只是有点好奇才走近看看。

但是尾环巨蜥却把这只好奇的澳洲野犬当成了威胁。尾环巨蜥抬了抬长脖子，吐着分叉的舌头，发出嘶嘶的声音，警告对方。野犬向后退了几步，但没有走开。蜥蜴用尾巴保持平衡，暴跳着站了起来。发怒的尾环巨蜥要对野犬不客气了！

巨蜥

澳大利亚内陆的巨蜥数量较多，岩石周围经常可以看到各种巨蜥在晒太阳。澳大利亚人将蜥蜴称为巨蜥。第一批欧洲殖民者看到巨蜥时，认为它们长得像另一种蜥蜴——鬣蜥（iguana），据说巨蜥（goanna）这个词便来源于此。

澳洲野犬慢跑着离开了，还不时地回头望。哦！这下尾环巨蜥放心了，四肢都放了下来。但是不一会儿野犬又回来了，而且离得更近！巨蜥再次摆出进攻架势，但这次野犬没有跑，而是用鼻子嗅着，靠得更近了。

巨蜥没有办法，只好自己跑开了。他爬上一棵树，趴在树枝上。野犬抬头看了看，掉头离开了。咻，太悬了！

虽然野犬等体型较大的动物会对巨蜥构成威胁，但巨蜥自己也是捕食者，他有锋利的牙齿和爪子，也能像蛇那样把猎物整体吞下。

昨天的晚餐，尾环巨蜥吃的是……

一条正在沙漠中滑行的小**地毯蟒**

请翻到第12页

一只刚刚苏醒的**贮水雨滨蛙**

请翻到第46页

一只正在挖掘新洞的**欧洲野生穴兔**

请翻到第40页

一只翅膀受伤的**茶色蟆口鸱**

请翻到第8页

岩石下面的一只**袋鼹**

请翻到第29页

一只正在泥土里寻找着什么的**西袋狸**

请翻到第50页

一只被汽车撞了的**赤大袋鼠**

请翻到第34页

一只死亡的**短吻针鼹**

请翻到第52页

贮水雨滨蛙

在干旱了6个多月之后，澳大利亚内陆这片坚硬的土地终于迎来了一场降雨。雨水汇集起来，慢慢渗透到地下。在地面下0.6米的地方，雨水浸湿了一个灰绿色的东西，她开始动起来了。这可不是一堆泥土，而是一只贮水雨滨蛙，她刚从休眠状态中苏醒过来。

她开始深呼吸，心跳逐步加快，然后开始咀嚼自己皮肤上的那层茧，这是她6个月以来的第一顿美餐。在钻到地下休眠之前，她会尽可能吸收大量水分。在地下，她的皮肤外面会形成一层茧，这有助于保持体内的水分。

谁知道她会在地下待多长时间呢？在澳大利亚内陆，很可能几年不下一滴雨。但是只要下雨，贮水雨滨蛙就会苏醒。

她利用有力的后肢，终于钻出了地面。雨已经停了，到处都有积水，所有干涸的水潭都被雨水灌满了。她发出打鼾一样的声音，想寻找一只雄蛙。她需要抓紧时间交配，因为在澳大利亚内陆的酷热下，这些水潭会很快消失。

交配之后，她会在水潭附近的一小摊水中产卵。她的蝌蚪将要开始与酷热进行生存赛跑——蝌蚪们需要在这摊水蒸发之前发育成熟，长大成蛙。

青蛙水

澳大利亚的土著居民在这片土地上已经生活了近万年，早已掌握很多在澳大利亚内陆生存的方法。情况紧急时，原住民会用贮水雨滨蛙作为水源。只需挖出一只贮水雨滨蛙，将其背部的水囊放入嘴中一挤，就可以喝到水了。啊，真新鲜！

现在，该出去觅食了。
贮水雨滨蛙咯咯地咀嚼着……
草丛中跳跃的 蟋蟀
请翻到第 51 页
正在水边嗡嗡飞着的 澳洲灌木蝇
请翻到第 39 页
47

澳洲假吸血蝠

夜幕降临后，一只假吸血蝠从岩石的裂缝中飞出，其他的雌性蝙蝠紧随其后。这里是雌性蝙蝠的领地，雄性蝙蝠有自己的单独栖息地。

她飞到了附近的一棵树上。天渐渐黑了，她身上的灰色皮毛让她看起来就像一个吸血幽灵，假吸血蝠也因此而得名。找到自己熟悉的地方后，她倒挂在树枝上，小心地将展开的翅膀折叠在身体周围。

她看起来在休息，其实是在猎食。她极佳的听觉和视觉能够使她不错过任何一个机会。现在机会来了！

在树下，有一只老鼠正在草丛附近活动。他自认为在黑暗中比较安全，但是树上的蝙蝠已经发现他了，并且悄无声息地落了下来。老鼠根本没有发觉，突然眼前一黑——已经被蝙蝠用翅膀紧紧罩住了全身，接着蝙蝠咬住了老鼠的脖子。难怪有人称其为澳大利亚的“恐怖杀手”。

蝙蝠将咬死的猎物带到树梢上享用。她吃东西很浪费，从落到地面上的大堆骨头便可以发现蝙蝠的栖息地。

“你知道吗？”答案

1.B 2.A 3.D 4.A 5.C
6.B 7.C 8.A 9.D 10.B

昨天的晚餐，澳洲假吸血蝠突然扑向……

一只刚刚产卵的 **贮水雨滨蛙**

请翻到第 46 页

一只爬过岩石的 **澳洲斗篷蜥**

请翻到第 6 页

许多 **澳洲灌木蝇**

请翻到第 39 页

几只 **蟋蟀**

请翻到第 51 页

第一次捕食猎物的 **尾环巨蜥** 幼崽

请翻到第 43 页

西袋狸

灌木丛下比较隐蔽的这个窝是空的，这里曾经是一只西袋狸的巢穴，但是这种动物已经消失一段时间了。狐狸和猫这两种不属于澳大利亚内陆本土的动物非常善于捕捉西袋狸，导致现在这些小小的、毛茸茸的哺乳动物已经十分罕见了。因此，这也是一个食物链的**终端**。

人类砍伐树木，连根拔起植物，然后在空地上建房子和农场。由于澳大利亚内陆空地的增加，西袋狸的生存环境受到威胁。没有植物，西袋狸就陷入了困境，因为他们需要将巢穴建在灌木丛下，并以浆果、种子和植物根茎为食。同时，他们也捕食植物附近的蚯蚓和昆虫。

蟋蟀

夜幕降临后天气变得凉爽了，在金合欢树叶筑成的巢穴中休息的蟋蟀醒来了。他先探出了长长的触角，接着是四只前足和两对翅膀。等到有力的后足露出来时，他向后一蹬，跳向空中，落到了1米之外。对于小小的蟋蟀来说，这一跳很厉害，相当于人类原地跳出24米，你能做到么？

来到外面，蟋蟀就开始鸣叫，但他可不是用嘴鸣叫，而是用他后足边缘的一排倒翅和前翅摩擦，发出有节奏的声音，“唧唧，吱吱”。这是雄性蟋蟀向雌性蟋蟀发出的求爱信号。

科学家们通过对蟋蟀的叫声进行研究，发现天气越暖和，蟋蟀叫得越快。科学家们甚至利用蟋蟀的叫声推导出了预报温度的数学公式。

如果有一只雌性蟋蟀听见了他的叫声，那么一定是通过关节听到的，因为蟋蟀的“耳朵”就位于他们前足的关节处。

但是今晚没有雌性蟋蟀的回应，所以雄性蟋蟀决定去找一些好吃的。

今天的晚餐，
蟋蟀细咬着……

澳大利亚内陆的植物，比如枯萎的树叶和牧草

请翻到第18页

短吻针鼹

短吻针鼹在地上慢悠悠地爬着，那长满尖刺的身体一步一晃。前面碰到一块大石头，她停了下来，把嘴伸到石头下面，掀翻了石头。她那喙状的嘴外面有一层皮，用来保护她的嘴。万一嘴受伤，她就会饿死。

针鼹有一条18厘米长的柔软的舌头，相当于她身体长度的一半！她用舌头捕捉藏在石头下面的昆虫，用上颚的硬嵴将昆虫压碎，然后吞下。这是因为针鼹没有牙齿可以咀嚼昆虫，也没有用于消化他们的胃液。当食物到达胃里时，毛茸茸、粗糙的保护层会将食物碾碎并消化。

但是她还没有吃饱，于是她用强壮的前爪在地面上划拉着，很快就扬起一团尘土，她把嘴伸进去——弄得一鼻子尘土。这没关系，她只要打几个喷嚏（打出鼻涕气泡）就没事了，不过藏在土里的虫子很好吃。你可以从几步之外听到她的喷嚏声。

这时，一只尾环巨蜥走了过来……虽然针鼹没有外耳，但是她的听力极佳。听到巨蜥接近时，她把头一缩，身体蜷成团。巨蜥轻轻推了推这个刺球，却束手无策，只好缓慢地离开了。

针鼹重新伸直了身体。她的刺与豪猪或刺猬不同，因为每根刺都和肌肉相连，她可以像使用手指那样挥动它们，并利用它们攀爬或者滚动身体。

试想一下：如果能够随意指挥我们的头发，这是什么感觉！

现在她利用刺摆好了坐姿，然后产下一个鹅卵石大小的卵，将它滚到自己柔软的肚子处，放进育儿袋。短吻针鼹是有袋类动物，她的幼崽将在妈妈的育儿袋中长大。

短吻针鼹是哺乳动物——用身体产出的乳汁哺乳幼崽。

短吻针鼹的棘刺

短吻针鼹的棘刺非常坚硬。澳大利亚人都知道，如果汽车不小心压到了它们，车胎就会被刺破。棘刺几乎能够抵御任何捕食者，但是一些澳洲野犬已经找到了应对这些刺的方法。当针鼹蜷成球状时，野犬就向它脸上撒尿，针鼹受到刺激就会展开身体，这时野犬就会攻击针鼹柔软的腹部。

但她却是不同寻常的哺乳动物。大家都知道，多数哺乳动物都是直接产下活的幼崽（胎生），但是短吻针鼹却产卵（卵生）。这种卵生哺乳动物被称为单孔目动物。短吻针鼹是世界上仅有的两类单孔目动物之一（另一种是鸭嘴兽，是澳大利亚的一种水生动物）。她的幼崽会从卵中孵出，并一直在育儿袋中生长，直到他们长出刺，能够独立生存。

她要开饭了。昨天的晚餐，她挖出了更多的蠕虫和昆虫，例如……

蟋蟀
请翻到第51页

动物小档案

澳洲野犬

澳洲野犬广泛分布在澳大利亚的大部分区域。从沿海到澳大利亚阿尔卑斯山区、从荒漠到雨林都能见到它们的身影。澳洲野犬捕食鸟类和其他哺乳动物，有时成群捕猎。

袋鼹

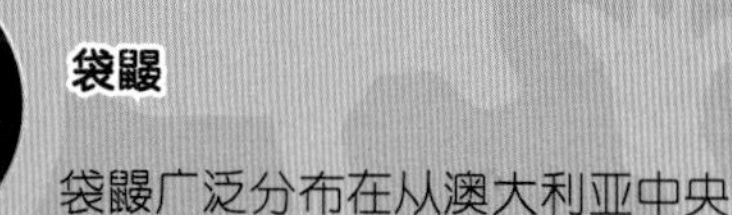

袋鼹广泛分布在从澳大利亚中央沙漠北领地到西部、南部的大部分地区，在沿河流的沙地中掘洞生活。雨后常出现在地表，但大部分时间它们都待在地下。白蚁和蚂蚁是袋鼹的主要食物。

茶色蟆口鸱

茶色蟆口鸱主要分布在澳大利亚、塔斯曼尼亚及新几内亚南部。白天停在树上休息，夜间活动，猎食老鼠、甲虫、青蛙等小动物。

鸸鹋

鸸鹋生活在澳大利亚包括农田在内的开阔生境。成熟的鸸鹋身高可达2.5米。鸸鹋主要取食绿色多叶植物的茎叶、水果，也捕食昆虫。

树袋熊

树袋熊生活在澳大利亚东部及南部的森林里，以桉树树叶和嫩芽为食物，看起来总是懒洋洋的。树袋熊有分解桉树叶毒素的能力，但这也使得它们只能从树叶中获得少量能量。

地毯蟒

地毯蟒主要分布在澳大利亚、新几内亚以及印度尼西亚部分地区的森林里，主要捕食小型的哺乳动物以及鸟类。

澳洲斗篷蜥

澳洲斗篷蜥生活在新几内亚、澳大利亚的北部和东部的热带海岸。它的肩膀上长着披肩式的“斗篷”，受到惊吓或愤怒时会张开，使得它看上去相当于其实际大小的两倍。斗篷蜥会张开大嘴，发出很大的“嘶嘶”声，抬起前腿来吓退天敌。

湾鳄

湾鳄生活在东南亚地区以及澳大利亚北部的沿海水域、河口和死水潭中，有些可重达1吨。湾鳄主要捕食鱼类、水鸟，以及生活在水域周围的哺乳动物。雌湾鳄将卵产在腐烂植物堆成的巢中让卵自然孵化，并会保护这些卵。

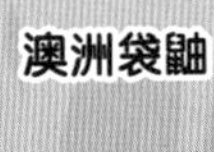

澳洲袋鼬

澳洲袋鼬生活在澳大利亚北部人迹罕至的区域，在岩石、稀树草原和沿海的桉树林中栖息。杂食性动物，小型动物、甲虫、蚂蚁、蝗虫、果实都是它们的食物。

欧洲野生穴兔

欧洲野生穴兔原产于欧洲，随着人类迁移被带入澳大利亚地区。它们生活在林缘地带和田野上，取食草本植物和其他植物。

楔尾雕

楔尾雕是澳大利亚最大的猛禽，可以擒得一只羊羔或是小袋鼠。它们主要以兔子和腐肉为食。在兔子数量减少后，这些雕被迫去吃公路上被撞死的动物，常因此命丧车轮之下。

短吻针鼹

短吻针鼹广泛分布在澳大利亚和新几内亚低地食物丰富的陆地环境，它们以蚂蚁和白蚁为主要食物，且食量巨大。一年中除去最热的月份，短吻针鼹白天都会频繁觅食。

虎皮鹦鹉

野生的虎皮鹦鹉分布在澳大利亚的干旱地区，栖息在灌丛、开阔的林地以及草原上，以取食草籽为生。

眼镜兔袋鼠

眼镜兔袋鼠主要分布在澳大利亚和新几内亚，在开放的林地、高大的灌木丛、草原草地都可以看到它们的身影。

赤大袋鼠

赤大袋鼠广泛分布在澳大利亚内陆，栖息在草地和灌木地区。白天在树荫下休息，清晨和黄昏觅食。

尾环巨蜥

尾环巨蜥只分布在南纬30°以南的澳大利亚沿海地区。开阔的林地、硬叶林以及石楠荒地都是它们的栖息场所。

兔耳袋狸

兔耳袋狸曾经大量分布在澳大利亚内陆地区，现在只在很少的保护区内可以看到。夜行性，白天待在洞穴里，以躲避内陆的炎热，夜晚活动，以真菌和昆虫为食。

澳洲假吸血蝠

澳洲假吸血蝠是澳大利亚的特有物种，目前全球数量已经下降到不足1万只，分布在澳大利亚北部的热带和亚热带地区。

西袋狸

西袋狸是澳大利亚一种稀少的袋狸，一度由澳大利亚西部横跨澳大利亚南部，分布至新南威尔士中部，但现已只限于澳大利亚西部部分地区。西袋狸独居，拂晓活动，主要吃昆虫及蠕虫，有时也会吃树根及块茎。

贮水雨滨蛙

贮水雨滨蛙通过待在地洞里来适应澳大利亚内陆长期干旱的气候。它们的皮肤形成一个保护茧，等待雨水的到来。

多一点小知识

濒危：动物和植物处于灭绝的危险状态。

哺乳动物：长有体毛，并且用自己的乳汁喂养幼崽的动物。

捕食者：捕食其他动物的动物。

初级消费者：以植物为食的动物。

次级消费者：以其他动物或昆虫为食的小型动物和昆虫。

单孔目动物：卵生哺乳动物。

顶级消费者：那些天敌很少，以其他动物为食的动物。

分解：动物死亡后或植物枯萎后的腐烂分解。

分解者：以枯萎的植物或死亡的动物为食的生物，例如昆虫、细菌。

腐肉：被其他动物作为食物的、自然死亡或被捕食者杀死的动物尸体。

矿物质：动物生存所需的自然物质。

冷血动物：利用太阳热量等外部能量保持身体温度的动物。

灭绝：地球上曾有过但现在已经消失的，多指生物。

爬行动物：冷血、具有脊柱的卵生动物。

栖息地：植物或动物生活和生长的地方。

蛆：某些昆虫的幼虫，如苍蝇。

生产者：自己制造所需食物的生物。植物是生产者。它们从土壤中吸收营养，利用太阳光、水和二氧化碳制造自己所需的食物。

食草动物：以植物为食的动物。

食肉动物：以其他动物为食的动物。

食物链：一个系统，在这个系统中，通过捕食与被捕食的过程，能量由太阳传递到植物和动物。

食物网：由许多相互连接的食物链组成。

水潭：澳大利亚内陆类似于大池塘的一池水。

细菌：一类单细胞微生物。

营养：有助于植物或动物生存的物质，特别是食物中的物质。

有袋类动物：是哺乳动物中的一种。有袋类动物的幼崽在妈妈体外的育儿袋中继续发育长大，比如袋鼠。

你知道吗？

（答案在书中找）

1

在我们的印象里，妈妈抚养宝宝好像是天经地义的事，尤其在动物界更是如此，以下哪种鸟是爸爸负责孵宝宝呢？（　）

A.茶色蟆口鸱　B.鸸鹋　C.虎皮鹦鹉　D.楔尾雕

以下哪种动物一天能睡18个小时？（　）

A.树袋熊　B.湾鳄　C.眼镜兔袋鼠　D.鸸鹋

3

澳大利亚最大的肉食性鸟类是（　）

A.茶色蟆口鸱　B.鸸鹋　C.虎皮鹦鹉　D.楔尾雕

下列关于兔耳袋狸的说法哪个是错误的？（　）

A.进入21世纪后，兔耳袋狸的数量已不足100只

B.澳大利亚的流浪猫喜欢猎食兔耳袋狸

C.白天在沙洞里睡觉，晚上出来吃种子和昆虫

D.是食物链的终端

5

你听过蟋蟀的叫声吗？是不是很好听？不过你知道这悦耳的声音是如何发出来的吗？（　）

A.用嘴鸣叫　B.摩擦前肢

C.后肢边缘的一排倒翅摩擦前翅发声　D.扇动翅膀

以下哪种两栖动物孵化温度越高，就会有更多的男宝宝？（　）

A.湾鳄　B.地毯蟒　C.澳洲斗篷蜥　D.贮水雨滨蛙

7

以下哪种动物是食物链的终端？（　）

A.澳洲假吸血蝠　B.短尾针鼹　C.西袋狸　D.贮水雨滨蛙

为什么说没有什么动物能比眼镜兔袋鼠更好地适应澳大利亚内陆极端的气候了？（　）

A.它的皮毛有两种颜色，能够同时抵御寒冷和酷热

B.它有自动调节体温的机能

C.它总能找到理想的遮阴处和保暖的巢穴

D.它能冬眠和夏眠

9

尾环巨蜥靠什么维持平衡？（　）

A.头部　B.前肢　C.后肢　D.尾巴

以下哪种动物不是澳大利亚的本土动物？（　）

A.澳大利亚灌木蝇　B.欧洲野生穴兔

C.兔耳袋狸　D.尾环巨蜥

谁能吃掉谁

北极苔原带食物链大揭秘

[美]丽贝卡·霍格·沃雅恩 唐纳德·沃雅恩/著 黄缇萦/译

中信出版集团·CHINACITICPRESS·北京

图书在版编目（CIP）数据

北极苔原带食物链大揭秘 / (美) 丽贝卡 · 霍格 · 沃雅恩, (美) 唐纳德 · 沃雅恩著 ; 黄缇萦译. -- 北京 : 中信出版社, 2016.11

（谁能吃掉谁. 第3辑）

书名原文: A tundra food chain

ISBN 978-7-5086-6861-1

Ⅰ. ①北… Ⅱ. ①丽… ②唐… ③黄… Ⅲ. ①北极－冻原－动物－食物链－儿童读物 Ⅳ. ①Q958.42-49

中国版本图书馆CIP数据核字(2016)第254546号

谁能吃掉谁系列丛书（第3辑）

北极苔原带食物链大揭秘

著　　者：［美］丽贝卡 · 霍格 · 沃雅恩　唐纳德 · 沃雅恩
译　　者：黄缇萦
策划推广：北京全景地理书业有限公司
出版发行：中信出版集团股份有限公司
（北京市朝阳区惠新东街甲4号富盛大厦2座　邮编　100029）
（CITIC Publishing Group）
制　　版：北京美光设计制版有限公司
承 印 者：北京中科印刷有限公司

开　　本：889mm × 1194mm　1/16
印　　张：16
字　　数：272千字
版　　次：2016年11月第1版
印　　次：2016年11月第1次印刷
广告经营许可证：京朝工商广字第8087号
京权图字：01-2014-3240
书　　号：ISBN 978-7-5086-6861-1
定　　价：79.20 元（全四册）

服务热线：400-600-8099
投稿邮箱：author@citicpub.com

目 录

食物链大揭秘指南

从在冰面上觅食的北极熊到在沼泽上嗡嗡飞舞的成群的蚊子、蠓虫和马蝇，北极苔原带的所有生物都相互联系着。动物们和其他物种以彼此为食并进行能量的转换——这就是食物链或食物网。

食物链中的植物和动物相互依存。有时食物链会突然中断，比如有一个物种灭绝了，就会影响食物链中的其他物种。

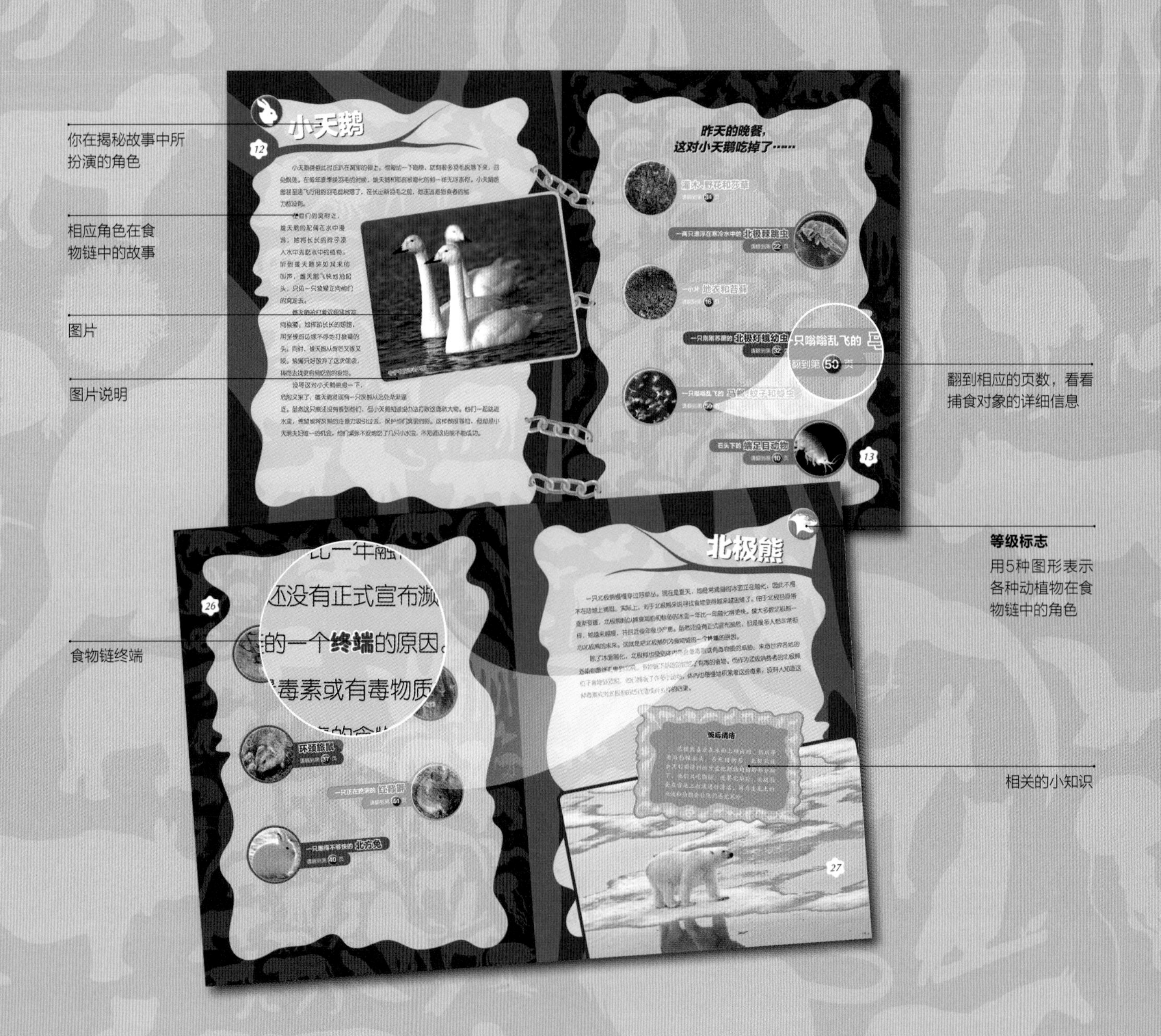

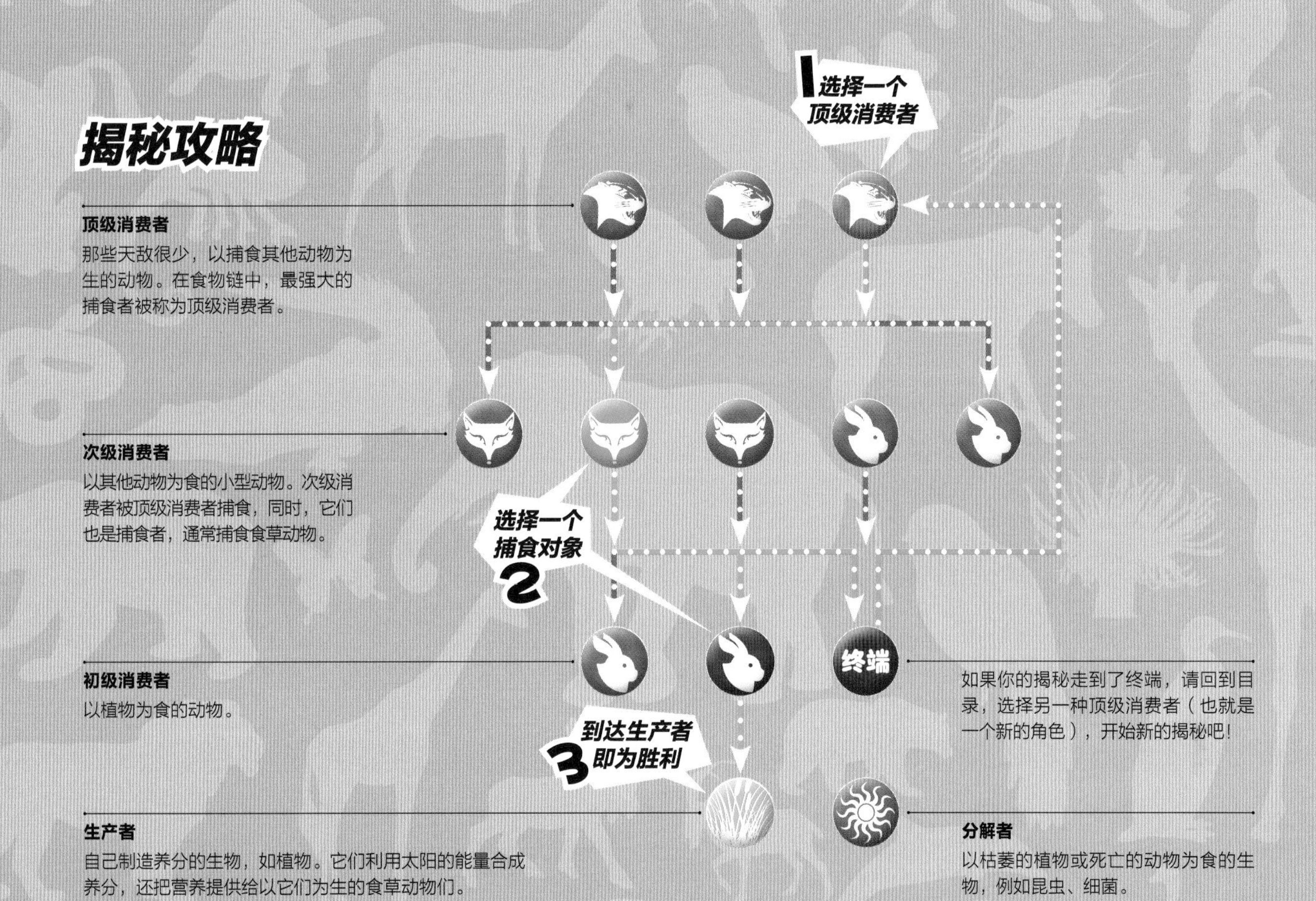

注意：在你的揭秘历程中，如果发现走了回头路或在意想不到的地方终止，请不要感到意外，因为这就是食物链错综复杂的特点。

特别提示

想了解更多有关北极苔原带食物链的知识，请翻到第17页。

北极苔原带

北极苔原带冬天的平均温度为-34℃，夏天的平均温度保持在3~12℃。因为地轴是稍稍倾斜的，所以北极苔原带在每个夏天都有一段较短的时间几乎一直暴露在阳光下。相反，在冬季，由于地轴背离太阳倾斜，所以北极苔原带有一段时期几乎是黑暗的。

欢迎来到北极苔原带

7月，北极苔原带鲜花盛开。这里看不到一棵树，大地上铺满了低矮的野花、莎草和灌木丛。由于经过了太多次的冻融作用，地面变得崎岖不平。从空中向下看，地面支离破碎，就像拼图游戏一样。

夏日的太阳挂在天空中，几乎一整天。尽管如此，空气中还弥漫着一丝寒意。如果你用铁铲在湿润的沼泽地上向下挖，只能挖到大约60厘米深的地方，之后就会碰到坚硬的、冻结的土壤，这就是永久冻土。

尽管环境寒冷严酷，但是苔原带仍然生机勃勃。鸟儿在天空中飞翔，哺乳动物在灌木丛中和草地上悠闲地吃着草，成群的昆虫无处不在。这里缺少的只有冷血动物，如蛇、蜥蜴或蛙类，因为这类动物需要温暖的气候来升高它们的体温。在苔原带，动物们必须具有维持自身体温稳定的能力。因为在短暂的几个月后，阳光将逐渐消失，沼泽地将冻结，冰雪也会再次降临，温度会降到−28℃，比冰箱冷冻室的温度还要低。苔原带的很多动物都将迁徙到比较温暖的南方，其他留下来的动物则凭借非凡的本领，度过漫长而又寒冷的冬天。

灰熊

02

在享用了美味的罗甘莓甜点后，年轻的灰熊用后腿站了起来。他眯起眼睛，好像在看远处，但实际上他是在仔细辨别气味。哦，在那儿！他认清了气味的来源——大概1.6千米外的田野里，一群狼正在分吃一头麝牛犊。

灰熊轻轻地放下前肢，快步跑上去。别看他400多千克的体重足以撞倒一棵树，动作却很灵巧敏捷。灰熊用一串咆哮宣布他的到来，狼群却吃得更快了。这可惹恼了灰熊，他摇晃着脑袋发出警告，紧接着开始进攻。狼群一下子散开，然后又冲回来想再多咬两口猎物。灰熊再次冲向狼群，用他那10厘米长的爪子击中了一只贪吃的狼。最终，狼群向熊老大屈服并逃走了。

灰熊埋头大吃剩下的麝牛。在夏季，他每天都需要吃大约14千克的食物，其中大多数是浆果，因此吃点肉对他来说再好不过了，特别是不用自己去费力捕获的免费大餐。

昨天的晚餐，灰熊大口咀嚼着……

北极狐

04

北极狐在北极熊身后徘徊——北极熊正在享用的那头麝牛那么香！他不禁小步凑了过去。随着一声咆哮，北极熊猛地转身冲过来。北极狐赶紧跳开，他可不想成为北极熊的下一顿美餐。

北极狐回到有石堆标记的窝中。那里有他的孩子、配偶和一只照顾小狐狸的保姆正等着他回来。从他的祖辈开始，这个家族就一直住在这个窝里，已经有超过200年的时间了！洞穴的地下通道蜿蜒曲折，六个隐蔽的出口可以让北极狐一家随意出入而又能确保安全。

他走过一堆鹅掌，那是最后一顿饭的残余。五个幼崽看到爸爸空着手回来，失望地呜呜哼叫。如果现在是冬天，他会把冷藏的食物挖出来吃。但现在是夏天，他想过会儿再出去试试运气。

别急！他抽动着鼻子，是北方兔的味道，就在附近！北极狐强大的嗅觉可以闻到藏在地下的猎物。他爬进北方兔的洞穴，如果幸运的话，他们一家今晚就不会饿肚子了。

冬天的服装

你有可能认不出12月的北极狐。由于白天短暂、空气寒冷，北极狐会换上一身白色皮毛，这可以帮助它融入白茫茫的雪景中。它的毛实际上有两层——柔软蓬松的下层绒毛用来保暖，粗硬的外层皮毛可以用来防水，就像在防寒夹克外面套了一件雨衣。休息的时候，它的尾巴盖在身上，成为额外的保暖层，就像一条围巾或是一条毯子。

昨天的晚餐，北极狐大口吃掉了……

沙丘鹤 妈妈拼命也没保护住的卵

请翻到第 28 页

藏在沼泽中的 小天鹅 的卵

请翻到第 12 页

一只在洞穴通道外被捉住的 北方兔

请翻到第 40 页

一只挖掘树根的 红背䶄

请翻到第 44 页

一只在错误的时间露出头来的 环颈旅鼠

请翻到第 37 页

在极地柳旁边的 极北杓鹬 的卵

请翻到第 9 页

【xiāo】雪鸮

06

雄雪鸮猛扑下来，伸出锋利的爪子，将一只旅鼠从地面抓起。他没有自己独吞，而是飞到他正在追求的雌雪鸮身边，将新捕获的猎物放在她面前。雌雪鸮用黄色的眼睛打量着这个礼物，眨了眨眼，飞了起来。

这是一个好兆头，雄雪鸮抓起旅鼠紧随其后。在空中，他将旅鼠递给她。如果雌雪鸮接受了这个礼物，他们就一起飞回来，寻找一个地方搭建他们的窝。由于苔原带没有树木，所以他们只能在泥土中刨出一个窝，准备开始新的生活。

一对雪鸮，左侧是雌雪鸮

360°视野

雪鸮的黄色大眼睛可在捕猎时帮助它们看得更清楚。不过，它们的眼球实在太大了，以至于不能在眼眶中转动。雪鸮要向左右看只能转动整个头部，但它们能将头部旋转一周的说法是不正确的。雪鸮能转头向后看，但在转到另一边之前，必须再次转回到前面。

昨天的晚餐，雪鸮吃的是……

一只挖洞的 **红背鼾**

请翻到第 44 页

一只离窝太远的 **北极狐** 幼崽

请翻到第 4 页

躲藏在灌木丛下的 **极北杓鹬** 的雏鸟

请翻到第 9 页

蹦跳着穿过草地的 **环颈旅鼠**

请翻到第 37 页

一只在啃食苔藓的 **北方兔**

请翻到第 40 页

被 **长尾贼鸥** 父母遗弃的卵

请翻到第 20 页

藏在草丛中的 **沙丘鹤** 的卵

请翻到第 28 页

一枚从窝中滚出来的 **银鸥** 的卵

请翻到第 52 页

极北杓鹬
【sháo】【yù】

这是食物链的一个**终端**。尽管极北杓鹬还没有被宣布灭绝，但已经属于极度濒危物种——已经有40多年没有人见过这种鸟了。从前，这种身上布满斑点的弯嘴鸟成群结队地从苔原带向南美洲迁徙，好像乌云布满天空。由于这种鸟味道鲜美，在19世纪，他们被大量捕捉，几乎灭绝。1916年，极北杓鹬终于得到了法律的保护。但那时，极北杓鹬最喜欢的食物之一——落基山岩蝗已经灭绝了。失去了最喜爱的食物，极北杓鹬的种群持续萎缩。直到今天，很多人仍然幻想，这种鸟可能还在北极苔原带的某个地方自由飞翔。

这是一张极北杓鹬的图片

端足目动物

端足目动物用他的七对足从疏松湿润的叶子之间滑过。他的身体像虾米，只有13毫米长。他需要寻找配偶，但不能走得太远。这里靠近湿地边缘，空气湿度对他来说正合适。因为他没有像虾那样坚硬的外壳，而又依靠身体吸收周围的水分，太湿或太干都会危及他的生命。

一只红喉潜鸟游到岸上，也在寻找配偶。走路摇摇摆摆的潜鸟搅起了端足目动物附近的泥土。不好，暴露了！他用尾巴一弹，迅速躲开了那只鸟。

他挤进一块石头下边，发现一大群同类在松软的土壤里互相拥挤着（有时端足目动物也被称作沙蚤，因为他们看上去就像在动物身上蹦跳的跳蚤）。在这里，他会找到一个配偶并且开始组建家庭。

当然，这对他来说并不意味着什么，他不会留下来照顾下一代。

无处不在的端足目动物

你可能没有听说过端足目动物。但是如果翻开一块石头，你也许就会看到它们。不同种类的端足目动物分布在世界各个地方，它们住在陆地上、湖水里以及海洋中。它们喜欢生活在潮湿的地方，有时会给游泳池的主人制造一些麻烦，因为它们会阻塞游泳池的循环过滤系统。

昨晚的晚餐，他们吃了……

枯萎的**灌木、野花和莎草**

请翻到第34页

一只死去的**小天鹅**

请翻到第12页

小天鹅

小天鹅爸爸此时正趴在窝里的卵上。他每动一下翅膀，就有很多羽毛脱落下来，四处飘荡。在每年夏季换羽毛的时候，雄天鹅和那些被孵化的卵一样无可奈何。小天鹅爸爸甚至连飞行用的羽毛都脱落了，在长出新羽毛之前，他连逃避猎食者的能力都没有。

在他们的窝附近，雄天鹅的配偶在水中漫游，她将长长的脖子浸入水中去吃水中的植物。听到雄天鹅突如其来的叫声，雌天鹅飞快地抬起头，只见一只狼獾正向他们的窝走去。

雌天鹅拍打着双翅猛地冲向狼獾。她挥动长长的翅膀，用坚硬的边缘不停地打狼獾的头。同时，雄天鹅从背后又啄又咬。狼獾只好放弃了这次偷袭，转而去找更容易吃到的食物。

守护在窝旁的天鹅

没等这对小天鹅喘息一下，危险又来了，雄天鹅发现有一只灰熊从远处渐渐逼近。虽然这只熊还没有看到他们，但小天鹅知道没办法打败这庞然大物。他们一起跳进水里，希望能将灰熊的注意力吸引过去，保护他们窝里的卵。这样做很冒险，但却是小天鹅夫妇唯一的机会。他们紧张不安地吃了几只小水虫，不知道这招能不能成功。

昨天的晚餐，这对小天鹅吃掉了……

灌木、野花和莎草

请翻到第 34 页

一两只漂浮在寒冷水中的 北极棘跳虫

请翻到第 22 页

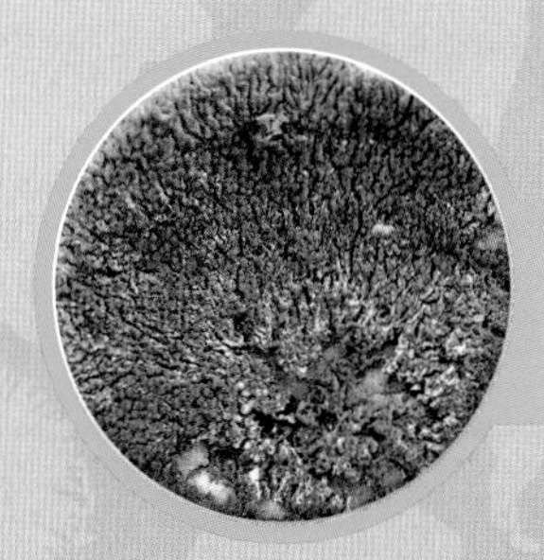

一小片 地衣和苔藓

请翻到第 18 页

一只刚刚苏醒的 北极灯蛾幼虫

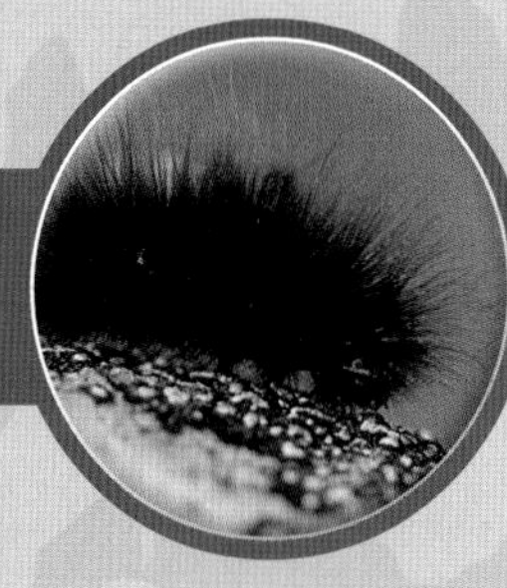

请翻到第 32 页

一只嗡嗡乱飞的 马蝇、蚊子和蠓虫

请翻到第 50 页

石头下的 端足目动物

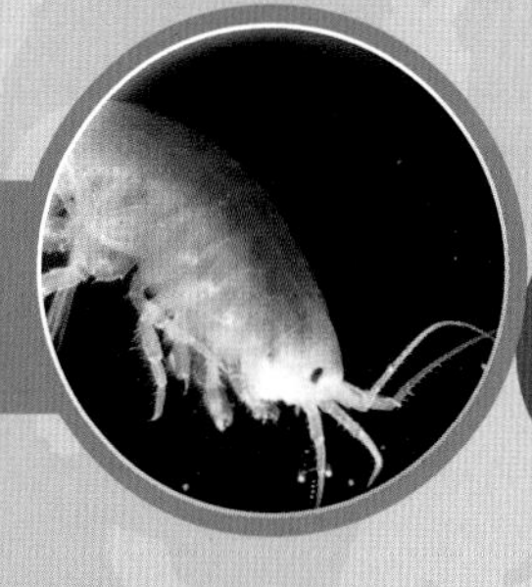

请翻到第 10 页

驯鹿

“嗡——”长着白色鬃毛的年老驯鹿抽动着耳朵，晃着脑袋，抖动着背部，但是大群的苍蝇和蚊子仍然嗡嗡地围着他转。他跑了几步，带起来的风吹走了那些讨厌的蚊虫。但等他回到驯鹿群中没多久，蚊虫就又卷土重来。对付这些蚊虫让他气喘吁吁、疲惫不堪。

也许你不相信，但马蝇、蚊子和蠓虫却是驯鹿主要的捕食者。夏季的每一周，一头驯鹿都会被小小的蚊虫喝掉2升的血液。这会造成驯鹿体重减轻、体质虚弱，因此他会用一切办法来摆脱这些蚊虫。不过，蚊虫带来的麻烦远不止咬得他浑身发痒。苍蝇在驯鹿的腿毛中产下了卵，这些卵孵化出来的幼虫爬到了他的背上，钻入驯鹿的皮肤，吸食驯

有用的蹄子

驯鹿依赖他们的蹄子生存。驯鹿的蹄子不同于其他种类的鹿——宽大扁平，就像雪地靴一样，能保证驯鹿行走在雪面上而不陷入雪中。在夏天，驯鹿会长出柔软的蹄垫。在冬天，蹄垫变得粗糙坚硬，蹄子周围还长出一圈坚硬的边缘。这可防止驯鹿在冰面上滑倒，就像运动鞋底的钉子可以防止运动员滑倒一样。

鹿的血肉来继续发育。可怜的驯鹿身上留下了一个个鼓包和肿块。

老驯鹿又开始抖动身体，也许走入湖水中会舒服一些。但是，等一下！鹿群突然警觉起来。另一头雄鹿站了起来，抬起头，翘起尾巴，耳朵前倾，将一条腿伸到旁边。这是危险的信号！

其他的鹿也发现了危险——有狼群！驯鹿拥挤成一大群冲了出去，蹄子发出的嗒嗒声、鹿角噼啪的撞击声和小鹿的叫喊声混在一起。鹿群跑得太快了。这头老驯鹿发现自己掉了队，而狼群已经包围过来。老驯鹿直立起来，抬起蹄子踢向咆哮的狼群。狼群闪了一下又再次冲了过来。这一回，老驯鹿低下头，用鹿角横扫凶猛的狼群。随着一声惨叫，一只狼被扫中，一瘸一拐地跑开了，其他的狼也跟着退走了。

老驯鹿跑向一座小山，鹿群在那里重新聚集。他喘着粗气，用巨大的蹄子刨着仍有些积雪的地面。因为残留着积雪，所以食物不多，但蚊虫也少些。他发现一些根茎，用嘴唇咬出来，在嘴里用力嚼着。他需要恢复体力。

昨天的晚餐，
驯鹿咀嚼着……

灌木、野花和莎草

请翻到第 34 页

地衣和苔藓

请翻到第 18 页

北极苔原带食物链

能量沿着食物链传递，从太阳到植物、从植物到植食者、从动物到猎食者。同样也从死去的动物传递到依靠吸收它们的营养生存的植物和动物身上。

地衣和苔藓

植物生存依赖三样东西：水、阳光和土壤中的养分。北极苔原带通常干燥、黑暗，土壤冻结。你也许以为这里一片荒凉，但是植物仍然能顽强生长。在夏天有限的几周里，土地就好像五彩缤纷的地毯。生存于其上的泥炭藓像绿色丝绒一样覆盖着大地。这种植物从空气中吸收水分，不需要把根扎进土壤里，而是将细小的根分布在地面上，并且能快速发芽。

没想到吧，连岩石都变得五颜六色。石头上覆盖着的硬皮地衣，为北极苔原带的动物们提供额外的食物。地衣实际上是两种植物生长在一起，即黏附在岩石上的真菌和长在真菌上面、吸收夏日阳光、有颜色的藻类。地衣的寿命很长，有一些能生长几个世纪，格陵兰地衣甚至有4 500岁!

因为地衣和苔藓是构造简单的低等植物，都对污染非常敏感。科学家们30多年来一直在研究和观察北极苔原带空气质量的变化情况。

到目前为止，这些北极苔原带的生产者表现良好。

地衣的特写

昨天的晚餐，
他们吸收的营养来自……

北极熊粪便

请翻到第27页

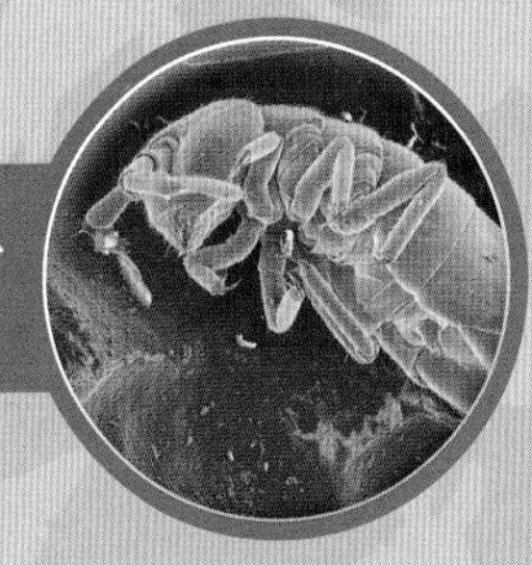

淤泥中的**北极棘跳虫**

请翻到第22页

环颈旅鼠挖的洞穴

请翻到第37页

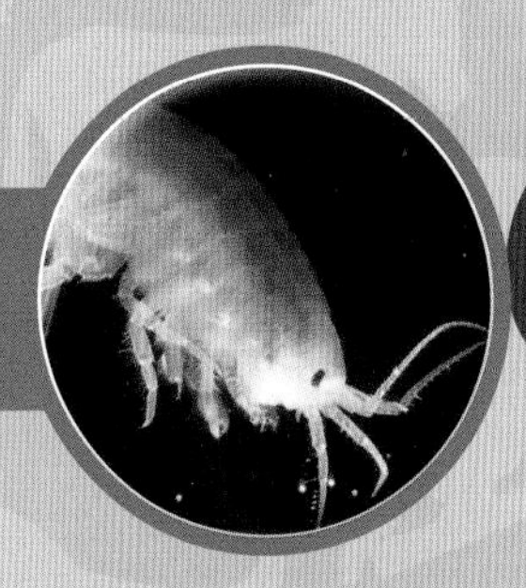

吞食动植物尸体的**端足目动物**

请翻到第10页

长尾贼鸥

长尾贼鸥从海上飞到他在北极地区的夏季度假地。他优雅地飞翔在充满生机的北极苔原带上空。你相信吗？他刚刚结束从南美洲的东南沿海到这里1万多千米的漫长旅程，大约相当于从北京到三亚往返两次的距离。到了8月，当寒冷再次降临北极苔原地区时，长尾贼鸥将重新踏上南归的旅程。他冬天的大部分时间都在海洋上飞行，远离陆地。

长尾贼鸥降落在一堆草中。附近，一只银鸥抖动着羽毛，发出警告的叫声。她的窝可能就在附近。长尾贼鸥飞了起来，顺口吃掉了几只小飞虫。他发现了一只爪子抓着旅鼠的隼，就猛扑过去要抢猎物。他们在半空中争抢了一会儿，最后还是隼紧紧地抓着旅鼠脱身飞走了。

长尾贼鸥又飞了回来，他没有忘记那只银鸥。这时银鸥外出捕食了，长尾贼鸥很快发现了银鸥在地上的窝，一口就吞食掉了窝中的一枚卵。旁边银鸥的配偶冲过来，尖叫着用翅膀拍打他。长尾贼鸥得意地飞走了。

昨天的晚餐，这只长尾贼鸥吞食了……

头顶成群飞舞的**马蝇、蚊子和蠓虫**

请翻到第 50 页

正在搬家的**环颈旅鼠**

请翻到第 37 页

死去的**灰熊**幼崽

请翻到第 2 页

一只正等着进食的**银鸥**雏鸟

请翻到第 52 页

由于父母大意没有守住的一枚**小天鹅**卵

请翻到第 12 页

刚刚开始孵化的**沙丘鹤**卵

请翻到第 28 页

一只正在打洞的**红背鼦**

请翻到第 44 页

昨天刚产下的**极北杓鹬**卵

请翻到第  9 页

北极棘【jí】跳虫

北极棘跳虫栖息在水潭的水面上。事实上，整个水潭都被刚孵化的昆虫覆盖了。北极棘跳虫通过口器吸食漂浮在水面上的藻类和腐烂植物的碎屑，这些是分解者最喜欢的食物。当他漂到水潭的边缘时，一只跑过的旅鼠将他溅到岸上。

旅鼠开始挖泥土，北极棘跳虫连忙跳开了。他没有飞翔用的翅膀，但在身体下面有一个特别的“手臂”，叫弹器。需要逃跑时，北极棘跳虫就用弹器快速弹击地面，一下就会弹开10～13厘米远，这在通常情况下足够安全了。

多数昆虫都有办法度过北极苔原带冰天雪地的冬天而生存下来。北极棘跳虫与众不同的是，在冬天他的体温非常低。

这意味着他身体的冻结温度更低，能够度过寒冷的冬天，甚至比过夏天更容易。这个过程也会将他体内的水分排出。这样干燥的身体和极低的冻结温度可以让北极棘跳虫在冬天不被冻死。

北极棘跳虫非常小，这张照片是借助电子显微镜拍摄的

跳遍世界各地

跳虫不只生活在北极苔原带，而是遍布整个地球，只要潮湿的地方就有它们。有时人们以为跳虫会咬人，其实它们的嘴不能咬人。那种像被咬的感觉，可能是跳虫跳走时用它的弹器猛击人类皮肤，使人感觉到的一点刺痛。

昨天的晚餐，他吸食了……

灌木、野花和莎草 上的一些真菌

请翻到第 34 页

地衣和苔藓 上的一些藻类和真菌

请翻到第 18 页

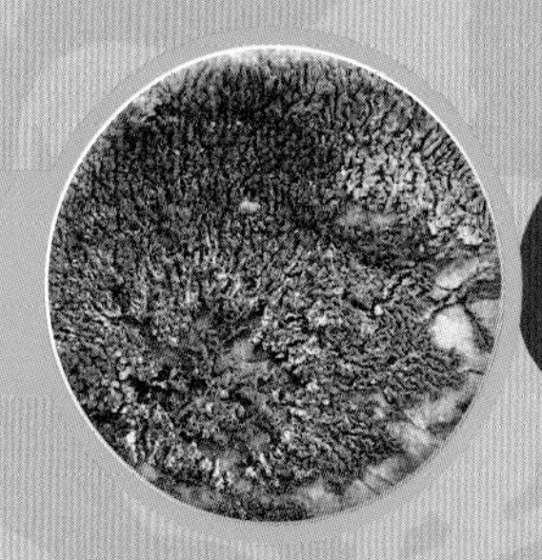

北极狼

此时此刻，雌性北极狼正跟着狼群一路小跑。麝牛群发现了狼群后，聚集到一起。狼群将牛群包围住，他们金黄色的眼睛闪闪发亮，白色的皮毛映着阳光。他们不停地移动，一步步逼近，麝牛开始慌乱地四散奔逃。

这时，狼群的领袖——头狼开始行动了。他用闪亮的牙齿咬住了一头掉队的老麝牛的脖子，母狼和其他的狼群成员也紧跟着扑到了麝牛身上。其他的麝牛迅速跑到了安全的地方。狼群一起使劲，这头麝牛终于慢慢地倒下了。确定麝牛已被杀死后，头狼开始大口吃起来。母狼退到一边，气喘吁吁地等待着。作为首领的配偶，她可以第二个进食，然后才会轮到年轻的狼群成员。

狼群吃饱后，剩下的残渣就留给海鸥和狼獾享用了。经过19千米的跋涉，狼群回

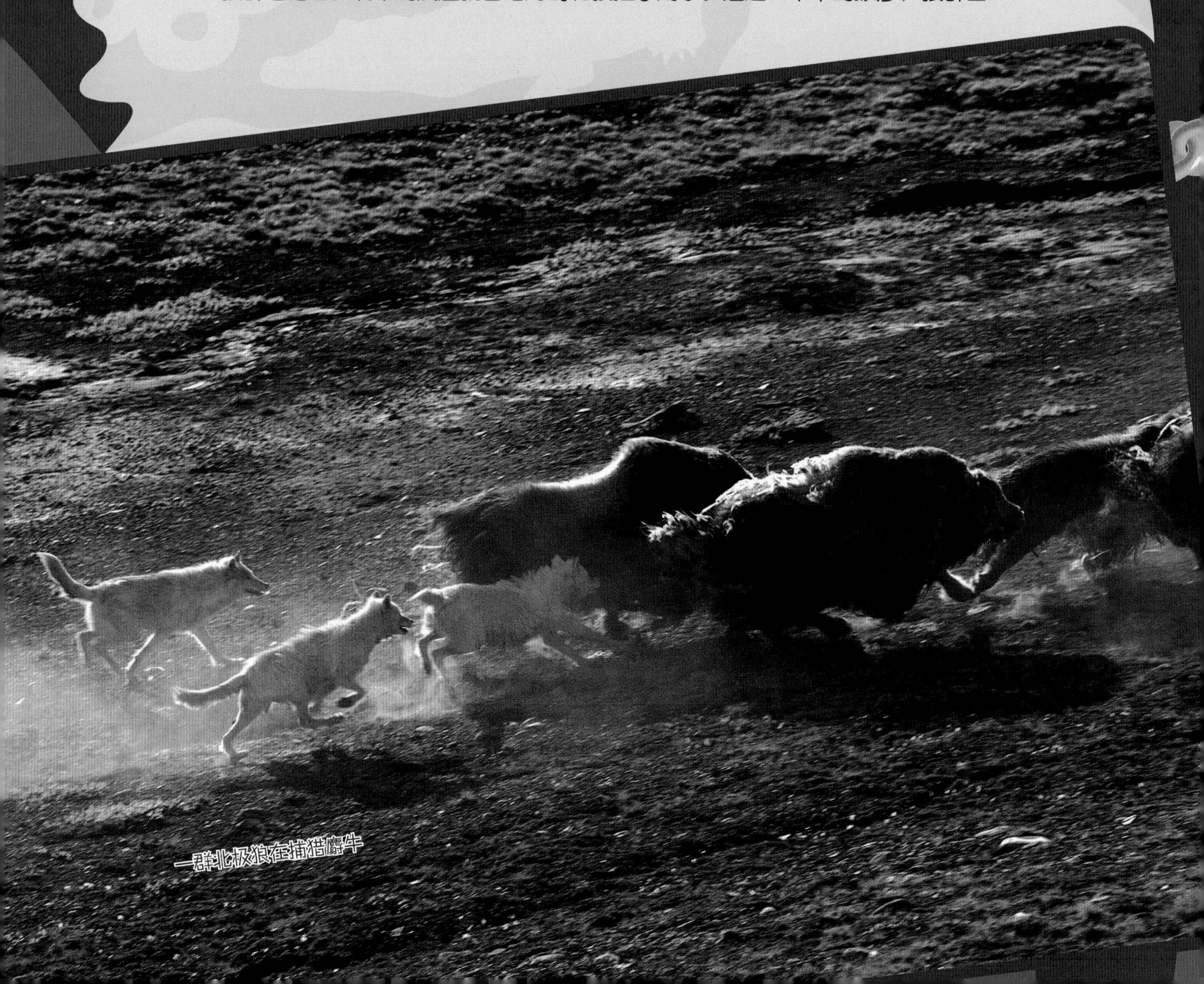

一群北极狼在捕猎麝牛

到了他们的窝。两只狼崽在岩石洞中等着，他们是母狼两年来产下的第一窝狼崽。狼崽舔着母狼，她也轻轻地摇着尾巴。公狼吐出了一些吃下去的肉块，狼崽们跑过去大口地吃着温热的麝牛肉。

每晚狼群都出去猎食，但不会每次都能成功。

“白狼”

北极狼，又称白狼，与灰狼是近亲。它们很相似，但又有一些不同，正是这些不同之处能够帮助北极狼在寒冷和黑暗中生存下来。北极狼一身白色的皮毛让它们很容易融入冰雪背景中。它们的耳朵、腿和鼻口都比较短，更能保存体温。最后，北极狼的眼睛里有一层特殊的细胞，能够让它们在长达几个月的极夜中看清四周。

昨天的晚餐，他们捉到了……

藏在灌木下的一只**驯鹿**幼崽

请翻到第14页

另一只病弱的**麝牛**

请翻到第42页

环颈旅鼠

请翻到第37页

一只正在挖洞的**红背鼾**

请翻到第44页

一只跑得不够快的**北方兔**

请翻到第40页

北极熊

一只北极熊慢慢穿过莎草丛。现在是夏天，她经常捕猎的冰面正在融化，因此不得不在陆地上捕猎。实际上，对于北极熊来说寻找食物变得越来越困难了。由于北极苔原带逐渐变暖，北极熊赖以捕食海豹和鲸鱼的冰面一年比一年融化得更快。像大多数北极熊一样，她越来越瘦，并且近些年很少产崽。虽然还没有正式宣布濒危，但是很多人都非常担心北极熊的未来。这就是把北极熊列为食物链的一个**终端**的原因。

除了冰面融化，北极熊也受到体内高含量毒素或有毒物质的威胁。来自世界各地的污染物最终汇集到北极。食物链下层的动物吃了有毒的食物。而作为顶级消费者的北极熊位于食物链顶层，他们捕食了许多小动物，体内也慢慢地积累着这些毒素。没有人知道这种毒素会对北极熊的后代造成什么样的后果。

饭后清洁

北极熊喜欢在冰面上砸出洞，然后等着海豹探出头。杀死猎物后，北极熊就会用42颗锋利的牙齿把猎物的脂肪部分撕下，它们只吃脂肪。进餐完毕后，北极熊会在雪地上打滚进行清洁，因为皮毛上的血液和油脂会让它们感觉寒冷。

沙丘鹤

在飞行了上千千米之后，沙丘鹤终于到达了她的夏季栖息地——北极苔原带潮湿的沼泽。她的每一个夏天都是在这里度过的。沙丘鹤又长又细的腿踩在冰冷的水中，边走边啄食着小虫和植物。

在不远处，一只雄性沙丘鹤也在觅食。慢慢地，他穿过浅滩，跳着来到她面前。他向她优雅地鞠躬，拍打着他巨大的翅膀。沙丘鹤展开的翅膀几乎和你的床一样长呢！一开始，她没有理睬，但过一会儿就加入了他的舞蹈。他们边跳边唱，迈步，退步，高高跃起，洪亮的鸣叫声传出好远。他们相爱并结成了伴侣，交配后开始寻找合适的地方安家。

在沼泽边，沙丘鹤夫妇找到一个隐藏在灌木丛

两只沙丘鹤守护着他们的雏鸟

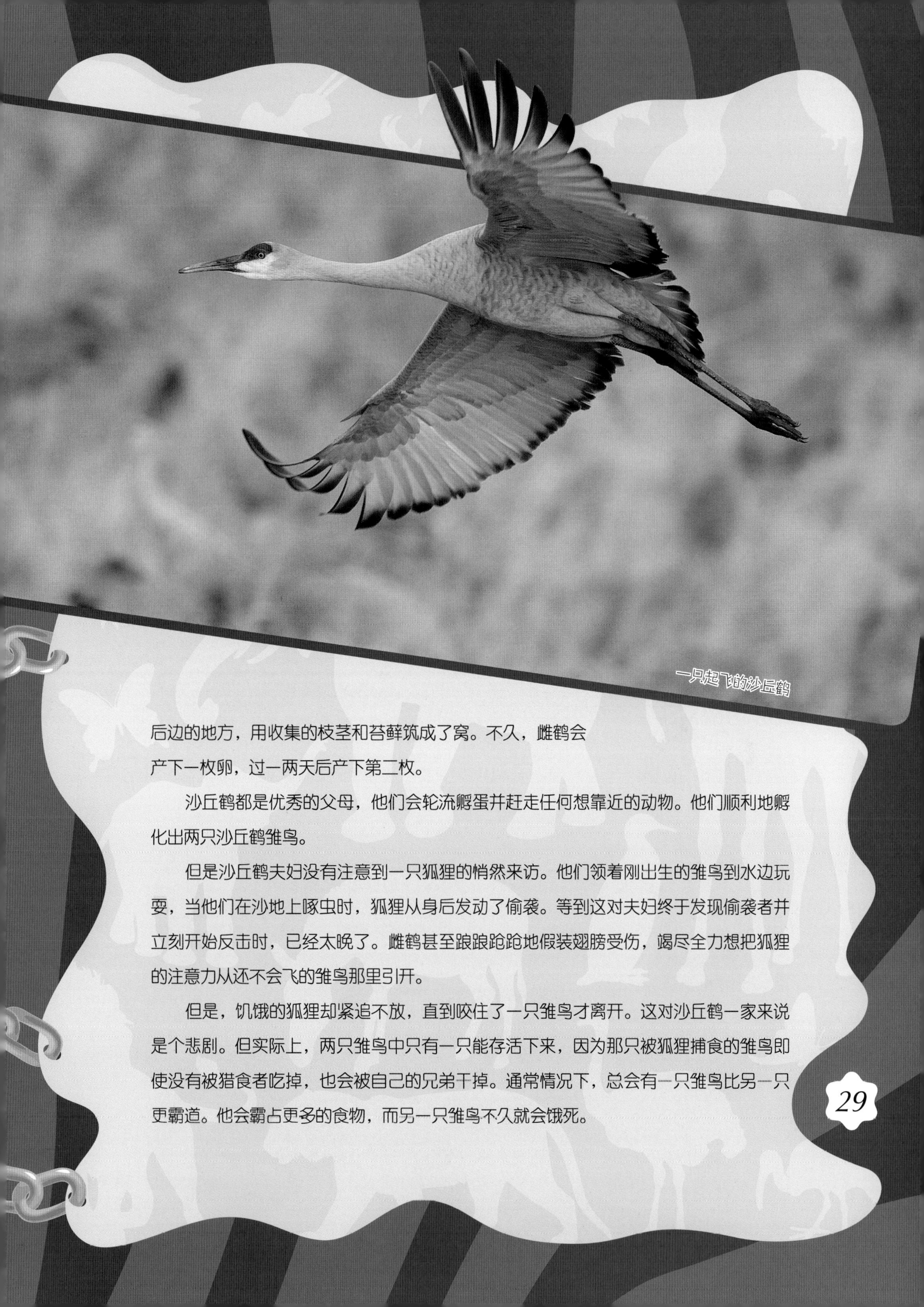

一只起飞的沙丘鹤

后边的地方，用收集的枝茎和苔藓筑成了窝。不久，雌鹤会产下一枚卵，过一两天后产下第二枚。

沙丘鹤都是优秀的父母，他们会轮流孵蛋并赶走任何想靠近的动物。他们顺利地孵化出两只沙丘鹤雏鸟。

但是沙丘鹤夫妇没有注意到一只狐狸的悄然来访。他们领着刚出生的雏鸟到水边玩耍，当他们在沙地上啄虫时，狐狸从身后发动了偷袭。等到这对夫妇终于发现偷袭者并立刻开始反击时，已经太晚了。雌鹤甚至踉踉跄跄地假装翅膀受伤，竭尽全力想把狐狸的注意力从还不会飞的雏鸟那里引开。

但是，饥饿的狐狸却紧追不放，直到咬住了一只雏鸟才离开。这对沙丘鹤一家来说是个悲剧。但实际上，两只雏鸟中只有一只能存活下来，因为那只被狐狸捕食的雏鸟即使没有被猎食者吃掉，也会被自己的兄弟干掉。通常情况下，总会有一只雏鸟比另一只更霸道。他会霸占更多的食物，而另一只雏鸟不久就会饿死。

昨天的晚餐，沙丘鹤吃的是……

一只卷成球的 **北极灯蛾幼虫**

请翻到第 32 页

上百只 **北极棘跳虫**

请翻到第 22 页

灌木、野花和莎草 等苔原植物的茎秆

请翻到第 34 页

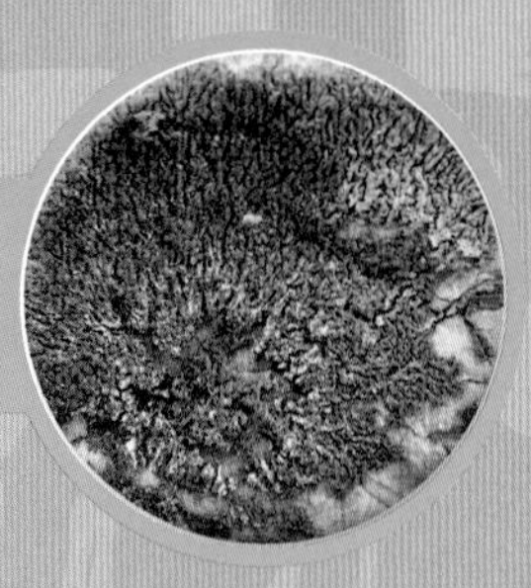

石头上的 **地衣和苔藓**

请翻到第 18 页

马蝇、蚊子和蠓虫 的幼虫

请翻到第 50 页

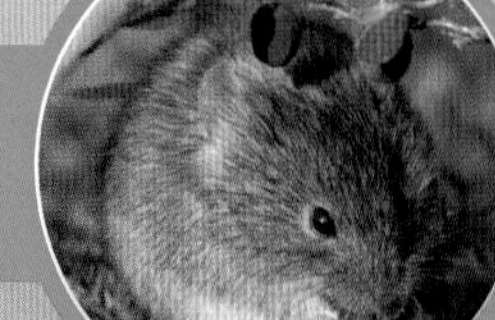

一只 **红背鼾**

请翻到第 44 页

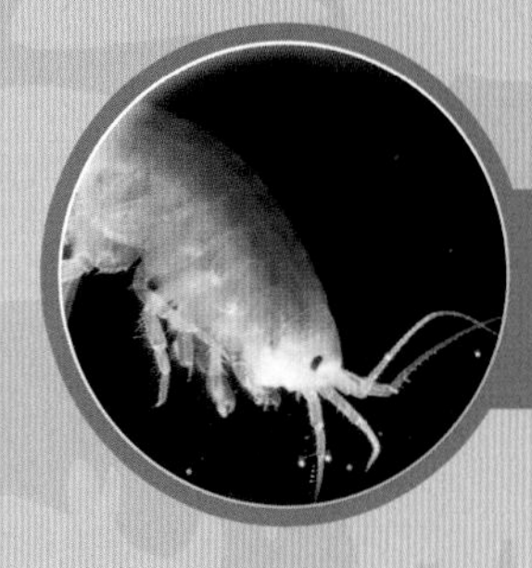

跑到陆地上来的 **端足目动物**

请翻到第 10 页

一只幼小的 **环颈旅鼠**

请翻到第 37 页

【huān】
狼獾

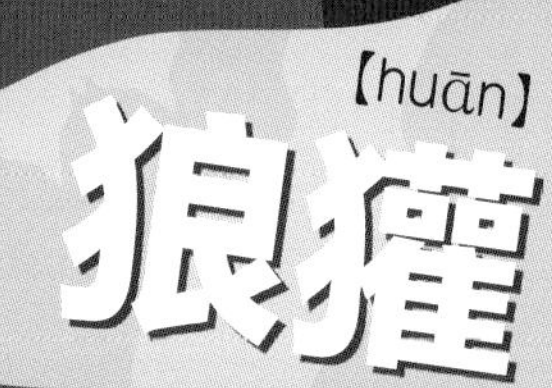

目光锐利的狼獾用长长的爪子挖着泥土。冬天的时候，她曾把一只北方兔埋藏在这里，但在天气变暖、大地解冻时不知被谁偷走了。幸运的是，她发现了一只被母亲抛弃的驯鹿幼崽尸体。凭借格外强壮的牙齿和下颚，狼獾能咬碎驯鹿的骨头。

从腐肉到蔓越梅，狼獾可以吃多种多样的食物，但在野生环境下仍面临灭绝的危险，他们的群体每年都在缩小。人们正努力敦促美国渔猎局将狼獾列入濒危物种名单。如果狼獾不能得到保护，这就是食物链的一个**终端**。

北极灯蛾幼虫

北极灯蛾幼虫扭动着，缓慢地爬过覆盖着地衣的岩石。他沐浴着阳光休息了一会儿，然后爬下石头想找些吃的。不过运气不好，他的周围都是有毒的极地柳。他只好继续向前爬。一道阴影划过头顶，没关系，不管那是什么猎食者，都不会发现这只毛虫的。

他已经度过了12个夏天。没错，这只毛虫的年龄可能比你的还大！他只能在夏天成长，而这里的夏天太短了，只有6～10个星期。北极灯蛾幼虫需要很长的时间才能长到成年。两年后他会做一个茧，最终变成一只灯蛾。

防冻剂

很多比灯蛾毛虫更大更强壮的动物都会被冻死，那么灯蛾毛虫是如何幸存的呢？动物被冻死，是因为它们体内的水分被冻结并膨胀，导致身体被摧毁。但灯蛾毛虫的细胞会产生一种防冻物质，即使当温度达到−71℃，也不会被冻成冰块。

昨天的晚餐，
北极灯蛾幼虫吃的是……
地衣和苔藓
请翻到第 18 页
灌木、野花和莎草的叶子
请翻到第 34 页
33

灌木、野花和莎草

你也许对一些北极苔原带的植物名称不太陌生，但你肯定认不出它们。极地柳与柳树有关，但极地柳要矮小得多，甚至还没有你的鞋高。黄色的罂粟花、淡紫色的马先蒿、蓝莓、糙莓和蔓越莓都趴在大地上，因为它们的根无法深入这里冰冷的永久冻土，所以也就无法长高。生草丛——圆形的莎草堆，比如蒿草，让大地看上去崎岖不平。

因为生长季节非常短暂，有时候只有6个星期大地就又封冻了，所以北极苔原带大多数的生产者都是多年生植物。就是说，

光合作用

植物通过光合作用制造食物和氧气。植物吸收二氧化碳和水，利用来自阳光的能量把它们转化为自己的食物。

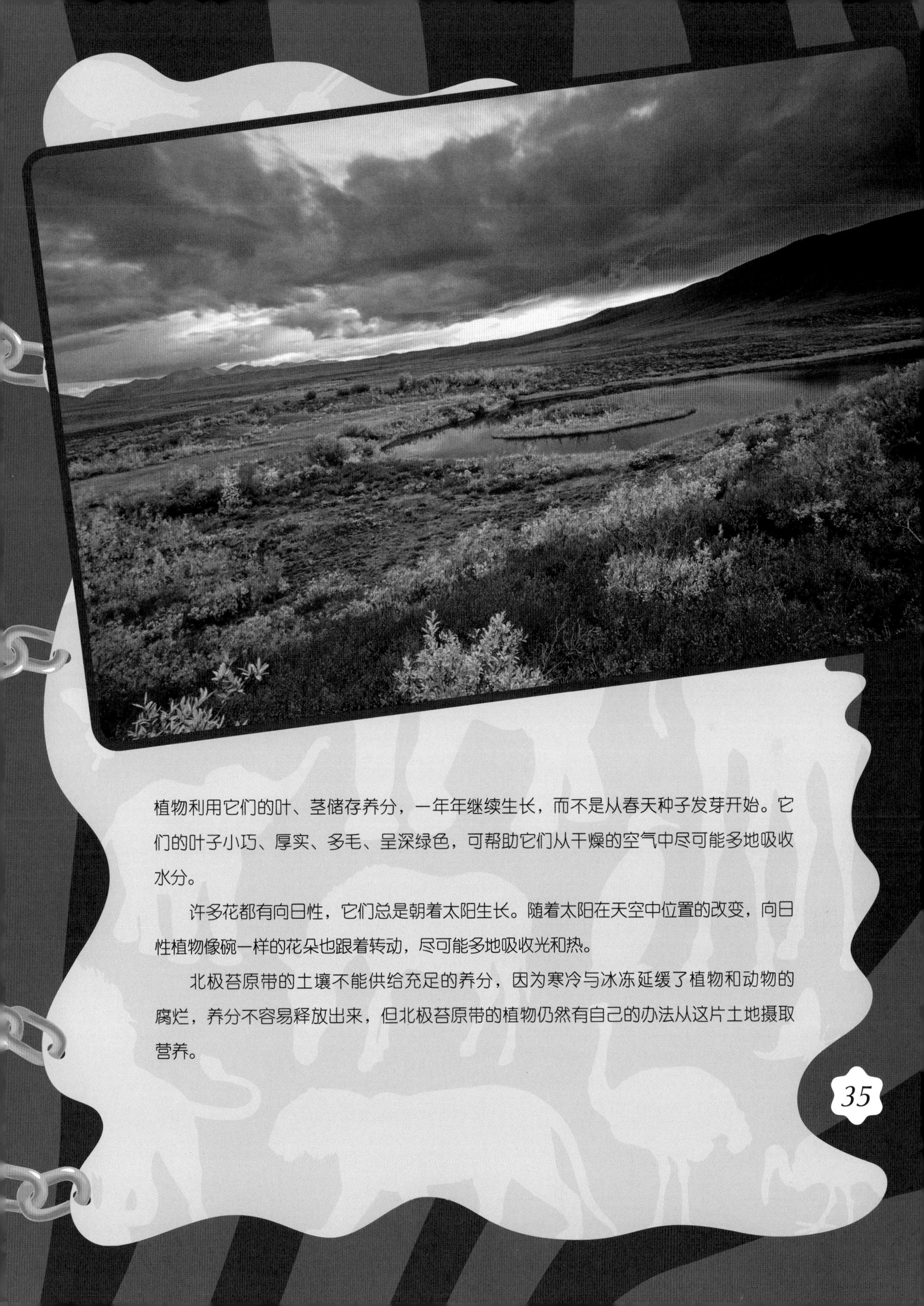

植物利用它们的叶、茎储存养分，一年年继续生长，而不是从春天种子发芽开始。它们的叶子小巧、厚实、多毛、呈深绿色，可帮助它们从干燥的空气中尽可能多地吸收水分。

许多花都有向日性，它们总是朝着太阳生长。随着太阳在天空中位置的改变，向日性植物像碗一样的花朵也跟着转动，尽可能多地吸收光和热。

北极苔原带的土壤不能供给充足的养分，因为寒冷与冰冻延缓了植物和动物的腐烂，养分不容易释放出来，但北极苔原带的植物仍然有自己的办法从这片土地摄取营养。

昨天的晚餐，
它们吸收的营养物来自……

灰熊 的有浆果籽的粪便

请翻到第 2 页

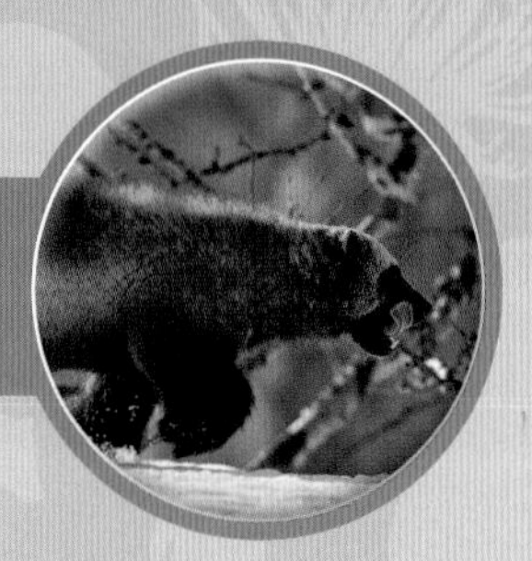

狼獾 的粪便

请翻到第 31 页

红背鼾 挖洞时翻出的泥土

请翻到第 44 页

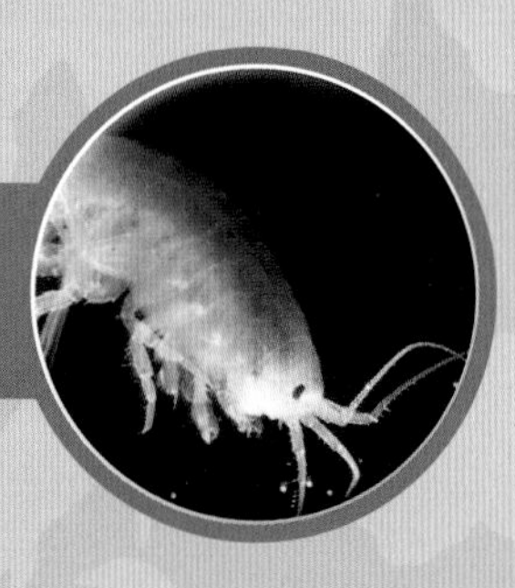

食用无机物的 **端足目动物**

请翻到第 10 页

驯鹿 的粪便

请翻到第 14 页

土地上跳跃的 **北极棘跳虫**

请翻到第 22 页

环颈旅鼠

当厚厚的积雪开始融化，环颈旅鼠的洞穴塌了。他们一家整个冬天都住在这里躲避严寒。冬季，他们用强有力的爪子从泥土中扒出植物的根和枯草充饥。夏季来临，冬季那像铠甲一样坚硬的爪子脱落了，是该到地面上的时候了。

一位旅鼠妈妈钻出地面，刚生的一窝幼崽紧跟着她。他们已经把白色的冬季皮毛脱在了洞穴里，此刻周围的几百只旅鼠都换上了棕色的夏季皮毛。

旅鼠妈妈在地面上跑来跑去，想找一些鲜草来啃。可她周围挤满了旅鼠，太多的旅鼠在啃食北极苔

原带的植物。有这么多饥肠辘辘的旅鼠，这里很快就会变得寸草不生、没有食物了。已经有一群旅鼠为了寻找新的栖息地离开了。旅鼠妈妈向她的幼崽吱吱叫着，提醒他们跟上鼠群。小旅鼠虽然出生只有几个星期，但已经是成年旅鼠了。他们不会听从妈妈的话，会自己决定走还是留下。

旅鼠妈妈奔跑着加入了鼠群，好在昨天晚上她吃得不错。鼠群跨过了北极苔原带的生草丛，穿过了破碎的地面。面前是一个湖——一个大水洼。湖水很冷，但鼠群里的每一个成员都毫不犹豫，飞身跃入冰冷的水里。旅鼠妈妈拼命地划着水。她的左边，一只旅鼠被俯冲下来的隼抓走了；右边，一只只冻僵的旅鼠沉入了水底。最终，她努力挣扎着爬上了对岸，继续她的旅程。

这只旅鼠休息了一下，啃着粉色的杂草。

鼠口激增

大概每过四年，就会有大量环颈旅鼠离开家去寻找更多食物。在同样的年份，北极狐和雪鸮的数量也会增多。因为北极狐和雪鸮都以旅鼠为食，当食物充足时，它们也会产下更多的后代。但这么多的旅鼠很快就把北极苔原带的植物吃光了，因此旅鼠们开始搬家，许多旅鼠掉队死去，造成旅鼠数量慢慢减少。当这种情况发生时，北极狐和雪鸮也会被饿死。随后年复一年，旅鼠的数量再次增加，直到数量过盛时，上述的故事就会重演。

冬季的环颈旅鼠有厚厚的白色皮毛
昨天晚餐，
她吃的是……
岩石上的 地衣和苔藓
请翻到第 18 页
灌木、野花和莎草
请翻到第 34 页

北方兔

40

北方兔轻咬着淡紫色马先蒿的叶子。他只有几星期大，但已经能够独立生活了。看到一只北极狐溜达过来，兔子立刻不动了，这是出生没几天就学会的把戏。因为在夏季，他的灰褐色皮毛看上去就像块石头。狐狸先是跑了过去，但又扭过头来用力嗅着。兔子只好逃跑，迈开长腿，两步就能跳出一间教室那么远。狐狸追了几步，却很快发现了另一个猎物。兔子看到他远处的一位邻居成了狐狸的美餐。

秋季，天气逐渐转冷，北方兔也要换毛了。冬季，北方兔是白色的，耳朵上带有黑点。他不仅是一只有着超大号后脚的白兔，而且已经完美地适应了北极苔原带寒冷的气候。和大多数的北极苔原带动物一样，北方兔有两层毛：蓬松的内层毛可以保暖，又长又光滑的外层毛可以防水。严寒的冬季，左邻右舍的兔子们有独特的互相帮助的方式：他们挤在一起取暖。

现在距离冬季还有好几个星期的时间，正是北方兔进食的时候。

昨天的晚餐，北方兔嚼着……

灌木、野花和莎草 丛中的岩高兰

请翻到第 34 页

地衣和苔藓

请翻到第 18 页

死去的 红背鼾

请翻到第 44 页

【shè】麝牛

老麝牛咯吱咯吱地重新咀嚼着先前吃下去的草，这叫作反刍。他用余光盯着那头讨厌的陌生公牛，这个家伙已经在附近溜达了一早晨。老麝牛低下头，晃着弯曲的角，发出了警告：这里是我的地盘！

年轻的挑战者在15米外摆好了架势，随后突然发动了进攻。老麝牛低下头，用那致命的牛角迎战。一声巨响，两头公牛猛地撞在一起。老麝牛用尽全力顶着“牛”，想把对面的家伙掀翻。只要能绕到他侧面，就能用牛角勾住对方，占到上风。但是年轻的公牛更强壮，他也试图用同样的办法对付老麝牛。

正在此时，一头母牛用蹄子蹬着地，大叫着发出了警报。狼！公牛的决斗中断了。牛群集合起来，对付包围上来的狼群。小牛犊被推到牛群中央，成年的公牛们肩并肩地站在外面围成圈。他们低下头，用坚硬锐利的角对准捕食者。狼群认为不值得冒险，也不很饿，于是去找更容易得手的猎物了。

慢慢地，麝牛放松下来继续吃草。

在北极苔原带保暖

麝牛冬季不迁徙。它们厚实的毛发有60～90厘米长，就像一条暖和的毛毯。你注意到它们背上的那个鼓包了吗？那不是驼背，而是很多的软毛。麝牛的毛发厚到连落在上面的雪花都不会融化。落在毛发上的雪就像一条额外的毯子，对保暖更有帮助了。在最寒冷的暴风雪中，麝牛们挤在一起分享体温、互相取暖。

昨天的晚餐，
他们咀嚼着……

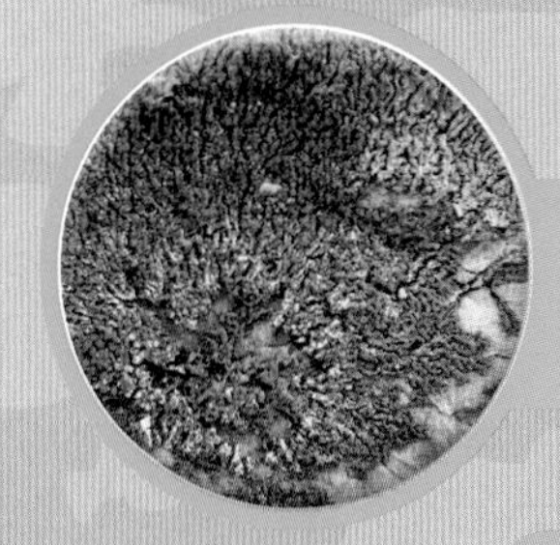

地衣和苔藓

请翻到第 18 页

灌木、野花和莎草丛中的极地柳

请翻到第 34 页

【píng】

红背鼩

鼩这个名字或许你很陌生，不过没关系，直接叫田鼠就好了。她现在正用她那锋利的门牙啃咬着草茱萸植物的茎秆。田鼠的啃咬行为不但能切碎食物，还可以磨短他们的牙。像所有的啮齿类动物一样，牙齿的生长会伴随着她一生。她不得不努力防止牙齿过长而耽误正事。她折断了一节茎秆塞进嘴里，蹦跳着钻进地下的窝，把嘴里的食物藏到后面的洞穴里，以后再吃。

在冬季，田鼠的洞穴直通被积雪覆盖的草地。在夏季，田鼠在地下啃植物的根，在地上啃茎秆。不管怎样，他们进食的方式是其在北极苔原带上生存的重要条件。田鼠进食时散落的苔藓和地衣，会跟着他们在新的地方生长。

田鼠抓了抓耳朵上的跳蚤，然后开始用软毛和叶子修整她的洞穴。大约一周后，她会产下第二窝幼崽。这也是她最后一次当妈妈了，她已不再年轻。田鼠很少能活过两个冬季，好在田鼠幼崽们成长得很快。

昨天的晚餐，她啃着……

一只跑得不够快的**北方兔**

请翻到第40页

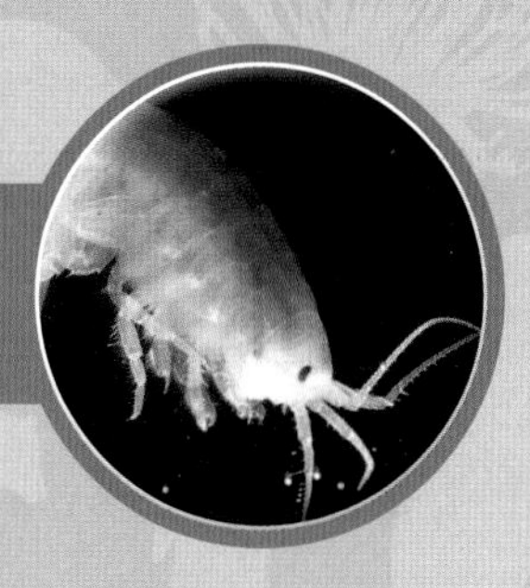

一两只**端足目动物**

请翻到第10页

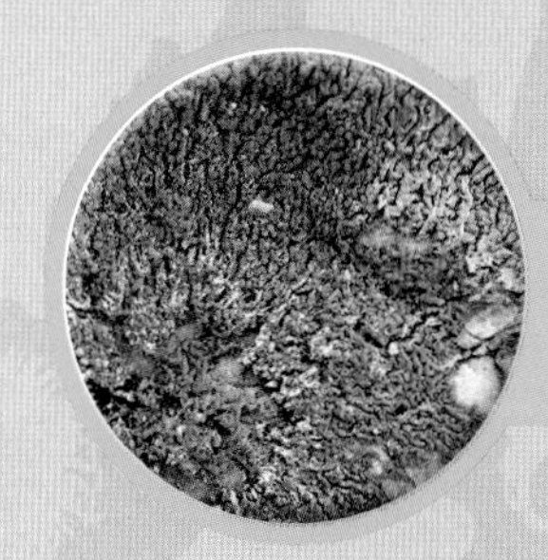

地面上的**地衣和苔藓**

请翻到第18页

丛中的树根和茎秆

请翻到第34页

一只掉在灌木中的**北极灯蛾幼虫**

请翻到第32页

“你知道吗？”答案

1.B 2.A 3.C 4.A 5.D
6.A 7.D 8.B 9.B 10.A

游隼【sǔn】

游隼飞翔在北极苔原带高空温暖的上升气流中。从这里，几千米范围内的一切都尽收眼底。她的眼睛可以更清晰地看到景物，远超人类。她的眼睛大，而且看到的东西也比你看到的要大。假如你能用游隼的眼睛，你就能够阅读1 600米外的一本书。

游隼发现了什么。她压低并张开了尾部的羽毛，大幅度地拍打着翅膀，像直升机一样在空中盘旋，瞄准目标——在她下方300米处的一只北极燕鸥。像闪电一样，游隼收紧翅膀俯冲下去。她是这个星球上速度最快的生物之一。

她俯冲时就像子弹出膛，速度快到你几乎看不到她的影子。在冲到燕鸥面前的瞬间，她的速度能达到每小时300多千米，比大多数赛车还要快。

燕鸥几乎不知道自己被什么击中。游隼用她超长的爪子一下就抓住了半空中的燕鸥，然后停止俯冲，扇动着翅膀重新飞起来。她高速俯冲产生的撞击有时会直接把猎物撞死。为了稳妥，游隼把燕鸥举到她钩状的喙旁，一口咬碎了燕鸥的颈骨。在游隼的喙上有一个特殊的凹槽，专门用来快速地咬断猎物的脖子。

游隼将燕鸥带回鸟窝，两只幼鸟正饥饿地叫着。她落在岩石上，弓着背，张开翅膀保护着她的猎物，拉开架子护食，防止其他的鸟偷走她的食物。她用爪子按住死去的燕鸥，用喙扯掉燕鸥的羽毛。游隼窝外的一大堆羽毛说明了在这个夏天她是个多么成功的捕食者。

杀虫剂和迁徙

尽管游隼可以在世界各地生存，但它们也曾面临灭绝的危险。人们以前使用一种化学毒药——DDT，来杀死破坏农作物的害虫。中毒的虫子被鸟类吃掉，这些鸟又被游隼吃掉。化学毒药进入游隼的身体，使它们产的卵壳非常薄。当游隼夫妇孵卵时，卵会被压破，小游隼无法出生。最终，DDT在一些地方被禁用，如美国。但世界上的其他地区仍然使用DDT，只要游隼迁徙到这些地区，它们仍然会猎食当地的动物，并最终使DDT进入体内。

昨天的晚餐，游隼带回家的是……

在空中抓住的一只年轻**银鸥**

请翻到第 52 页

一只来不及躲藏的**北方兔**

请翻到第 40 页

挖洞的两只**环颈旅鼠**

请翻到第 37 页

一只游到深水区的年轻**小天鹅**

请翻到第 12 页

一只从冬季迁徙中返回的**长尾贼鸥**

请翻到第 20 页

一只第一次离开巢的**雪鸮**雏鸟

请翻到第 6 页

一只从南方飞来的**极北杓鹬**

请翻到第 9 页

沼泽里的一只**北极狐**幼崽

请翻到第 4 页

马蝇、蚊子和蠓虫

难以想象北极苔原带这样冷的地方还有昆虫生存。实际上，夏季的北极苔原带同样蚊蝇成群。布满沼泽的大地上，蚊蝇成群结队，但仅能存活一个夏天。许多昆虫以北极苔原带植物的花蜜为生，另一些则专喝动物的血液。

一只马蝇无声无息地落在一头驯鹿的腿上。这头驯鹿刚褪掉了冬季皮毛，反倒方便了马蝇前来“就餐”。在驯鹿赶走她之前，马蝇将刀子般的口器钻入驯鹿的皮肤，然后大口喝血，直到喝饱为止。最后，马蝇在驯鹿皮肤上留下了一滴血，这会引来更多的虫子来咬这头可怜的驯鹿。

只有雌性的马蝇、蚊子和蠓虫会叮咬动物，雄性只食用野花蜜。雌性需要吸食血液才能产卵。吸食血液后，马蝇会找一个潮湿的地方产卵，她的卵先孵化成幼虫，最后变成马蝇。

昨天的晚餐，她吸食的血来自……

一头正在觅食的 **灰熊**

请翻到第  2 页

一只正在寻找食物的 **北极熊**

请翻到第 27 页

一只跑着回家哺育幼崽的 **北极狐**

请翻到第  4 页

一只在狼群附近休息的 **北极狼**

请翻到第 24 页

一只摇头跺脚驱赶苍蝇的 **麝牛**

请翻到第 42 页

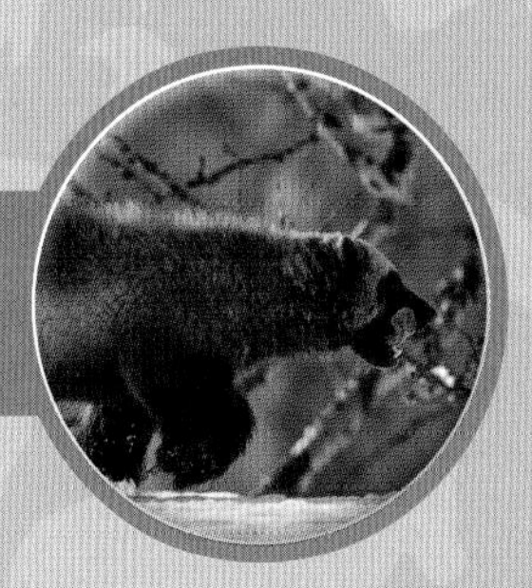

一只向对手咆哮的 **狼獾**

请翻到第 31 页

一只 **北方兔**

请翻到第 40 页

银鸥

嗷——嗷——

银鸥俯冲下来，从另一只银鸥的嘴里争抢一块驯鹿的腐肉。虽然是偷袭，可她大呼小叫，并不保持安静。另一只银鸥可不会放弃，于是空中拔河比赛开始了。结果强盗银鸥叼着肉飞走了。但失主并不死心，再次去抢。这一次她赢了，为了防止食物再被偷走，她一口吞下了那块肉。

银鸥带着饱饱的肚子回了家。在泥土中挖掘出来的窝里，她的配偶和三只雏鸟正等着她。她刚一降落，雏鸟们就围上来啄她嘴上的红点，意思是他们早就饿了。银鸥妈妈将驯鹿肉吐了出来，雏鸟们贪婪地把肉块吃了个精光。

孩子们吃饱了，她的配偶出去觅食了，银鸥妈妈开始梳理羽毛。银鸥的尾巴根部有着特殊的油脂腺，她用嘴把油脂涂抹在羽毛上。这层油脂可以防止羽毛被浸湿。银鸥凭借防水的羽毛和蹼状的脚，在水中和陆地上都能行动自如。这让银鸥有了很大的觅食空间，而且她不挑食，什么都能吃。

冬季假日

对你来说，银鸥也许看上去很熟悉，与你经常在海滩上看见的大声叫嚷着或成群聚集在停车场的海鸥相似。冬天，银鸥迁徙到南方。很多人都认为它们是令人讨厌的鸟，因为它们在城市里总爱搞突然袭击、与人纠缠不休、偷食物和互相争吵，就像它们在北极苔原带的所作所为一样。

昨天的晚餐，她带回了……

落在她家门口的一只 **长尾贼鸥**

请翻到第 20 页

爬行在北极罂粟上的一只 **北极灯蛾幼虫**

请翻到第 32 页

一枚被遗弃很久的 **沙丘鹤** 卵

请翻到第 28 页

一堆 **北极棘跳虫**

请翻到第 22 页

一只被饿死的 **北极狼** 幼崽

请翻到第 24 页

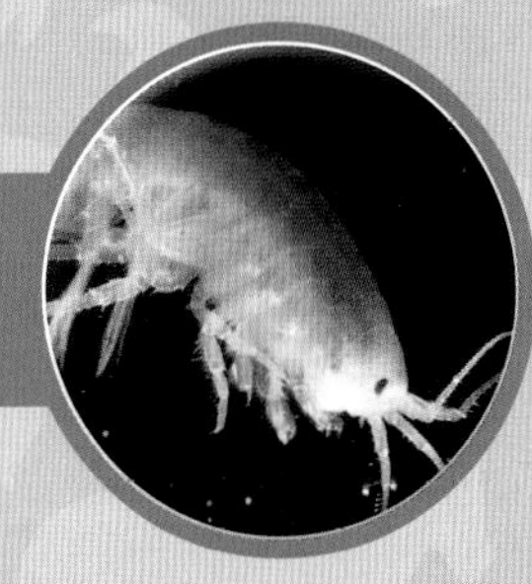

在咬枯树叶的 **端足目动物**

请翻到第 10 页

一小块死去的 **北极狐** 残骸

请翻到第 4 页

动物小档案

灰熊

灰熊是棕熊的亚种，分布在北极苔原、寒带森林、开阔平原以及荒漠边缘等多种生境中。它们体型很大，总是饥肠辘辘，夏天捕食啮齿动物和鸟类，还食用草本植物、嫩芽和浆果。冬季冬眠。

北极狐

北极狐冬天呈灰或白色，夏天则是棕色或棕白相间。它们住在山坡上排水良好的洞穴中，以捕猎黄鼠、旅鼠和筑巢中的鸟类为生。

雪鸮

雪鸮生活在阿拉斯加、加拿大、格陵兰岛，以及欧亚大陆的北极地区，一整年都生活在苔原上，喜欢积雪较浅的地区。它们站立在岩石上或低矮的灌木丛中，以便搜寻猎物。雪鸮以捕食旅鼠以及其他小型哺乳动物为生。

极北杓鹬

极北杓鹬是非常珍稀罕见的候鸟，极有可能已经野外灭绝。最后一个确凿记录是在1963年收集的标本，在那之后便再没有过经证实的野外记录。

小天鹅

小天鹅体型大，长颈，优雅高贵。与分布地域接近并经常在相似生境混群出现的大天鹅相比，小天鹅体型稍小。繁殖于欧亚大陆北部，在欧洲、中亚、中国长江流域和东南沿海以及日本越冬。

驯鹿

驯鹿生活在北美洲北极地区及欧亚大陆北部地区。春天向北方迁徙，并繁衍后代；秋天则穿过整个苔原带向南方移动。

长尾贼鸥

长尾贼鸥繁殖于欧亚大陆及北美洲的北部高纬度地区，有研究表明在南极洲附近海域有该物种的越冬种群。它们主要捕食旅鼠、昆虫，采集浆果，也会捕猎其他小型鸟类。

北极狼

北极狼以十几只或更多为一群进行捕猎。它们通常尾随着迁徙中的驯鹿或麝牛，将那些年幼或衰老的掉队动物杀死。

北极熊

北极熊生活在环北冰洋及邻近海域。与棕熊不同，北极熊大部分时间都在海面浮冰上度过，主要以海豹为食。

沙丘鹤

沙丘鹤是一种大型涉禽，广泛分布在北美洲大部分地区，原产地是哈得孙湾。最喜欢的生境还是芦苇和水草沼泽，以及湖滨沼泽地带，迁徙期也见于农田和海湾地区。

狼獾

狼獾生活在北美洲北方针叶林，喜独居。虽分布广泛，但在北美地区的数量一直不多，且呈下降趋势，在北美洲以外地区也许已经灭绝。狼獾非常怕受到打扰，喜欢在偏远的野外生活繁衍。

北极灯蛾幼虫

北极灯蛾幼虫分布于加拿大和格陵兰的北极圈内地区。其发育非常缓慢。北极灯蛾幼虫会分解自己的线粒体以度过冬季，并在第二年春季重建。幼虫植食性，取食多种植物叶片，主要包括虎耳草、柳树和蕨麻，在北极区域的柳树芽尤其受其青睐。

环颈旅鼠

环颈旅鼠在环北冰洋的诸多岛屿上以及北美洲北部地区均有分布。它们栖息在北极苔原带干燥的岩石区，夏季和冬季则移至地势较低的草场生活。

北方兔

是一种适应了北极和山地环境的兔子，有一身蓬松的绒毛可减少热能的流失以适应寒冷的环境，分布于格陵兰和加拿大的冰原上。

麝牛

麝牛生活在加拿大北极地区、格陵兰、斯瓦尔巴群岛的北极苔原地带。麝牛聚集成小型的迁移群生活，一年四季以薹草、矮柳和禾草为食。秋天，麝牛的体重增加，长出厚重蓬松的毛发；冬天则只在积雪较薄的地方生活，以便寻找食物。

红背鼾

红背鼾分布于全北区的北部地区，在欧亚大陆北部、北美洲北极地区都可以见到。红背鼾栖息在食物丰富的茂密森林中，喜食草本植物、种子与果实，也吃昆虫。秋天有储存食物的习性。

游隼

除了两极地区及新西兰以外，游隼广泛分布在世界各个地区。日行性猛禽，以捕猎其他鸟类和小型哺乳动物为食。

银鸥

银鸥是常见的迁徙候鸟，在北美洲、欧洲、澳大利亚、亚洲均有繁殖，杂食。有些银鸥还会在城市中生活，如在北美洲的一些地区，银鸥会在城市垃圾堆中捡拾食物。

多一点小知识

濒危：动物和植物处于灭绝的危险状态。

哺乳动物：长有体毛，并且用自己的乳汁喂养幼崽的动物。

捕食者：捕食其他动物的动物。

初级消费者：以植物为食的动物。

次级消费者：以其他动物或昆虫为食的小型动物和昆虫。

丛生草：小堆圆形的杂草簇。

顶级消费者：那些天敌很少，以其他动物为食的动物。

多年生植物：寿命超过两年的植物。

分解者：以枯萎的植物或死亡的动物为食的生物，例如昆虫、细菌。

腐肉：其他动物作为食物食用的、自然死亡或被捕食者杀死的动物的尸体。

换羽/退毛：蜕去旧的羽毛。

猎物：被其他动物捕食的动物。

灭绝：地球上曾有过但现在已经消失的，多指生物。

栖息地：植物或动物生活和生长的地方。

迁徙：为了寻找食物而从一个地方迁居到另一个地方。

生产者：自己制造所需食物的生物。植物是生产者。它们从土壤中吸收营养，利用太阳光、水和二氧化碳制造自己所需的食物。

食肉动物：以其他动物为食的动物。

食物链：一个系统，在这个系统中，通过捕食与被捕食的过程，能量由太阳传递到植物和动物。

食物网：由许多相互连接的食物链组成。

细菌：一类单细胞微生物。

向日性：为了尽可能多地获得日照便随着太阳移动而改变朝向的植物。

营养：有助于植物或动物生存的物质，特别是食物中的物质。

永久冻土：通常在土壤或岩石下面的永久冻结土地，只存在于非常寒冷的气候区。

幼虫：昆虫的一生中像蠕虫一样的阶段，这个阶段位于卵和成虫之间。

你知道吗？

（答案在书中找）

1 400多千克的体重、10厘米长的爪子、夏季每天要吃14千克的食物——这些数字描述的是哪种动物？（　）

A.北极狼　B.灰熊　C.北极熊　D. 狼獾

2 端足目动物有时也被称作什么？（　）

A.沙蚤　B.虾米　C.跳蚤　D.七足虾

3 以下哪种动物会随着季节自动换“衣服”？（　）

A.麝牛　B.游隼　C.北方兔　D.红背䶄

4 你注意到麝牛背上的那个鼓包了吗？那是干什么用的？（　）

A.很多的软毛，雪落在上面不会融化，起到保暖作用

B.能贮存热量，防止寒冷

C.麝牛本身就驼背

D.保持身体平衡

5 一只红背䶄正在啃咬草茱萸植物的茎秆，啃咬不但能切碎食物，还有哪项功能？（　）

A.活动腮帮子　B.提高味觉灵敏度

C.锻炼面部肌肉　D.把牙磨短

6 植物生存依赖三样东西，以下哪种不是必需的？（　）

A.肥料　B.水　C.阳光　D.土壤中的养分

7 以下哪种食物长尾贼鸥不吃？（　）

A.正在搬家的环颈旅鼠　B.等着进食的银鸥雏鸟

C.死去的灰熊幼崽　D.同样在找食物的隼

8 以下哪种动物如果得不到保护的话，将会成为食物链的下一个终端？（　）

A.沙丘鹤　B.狼獾　C.北极灯蛾幼虫　D.环颈旅鼠

9 下列关于驯鹿的描述，哪项是错误的？（　）

A.雄鹿站起来，抬起头，翘起尾巴，耳朵前倾，将一条腿伸到旁边——这些动作是危险的信号　B.苍蝇会在驯鹿的腿毛中产下卵，但这些卵对驯鹿的健康基本没有影响　C.驯鹿的蹄子宽大扁平，像雪地鞋，能保证驯鹿行走在雪面上而不陷入雪中　D.马蝇、蚊子和蠓虫是驯鹿的主要捕食者

10 以下哪种食物是北极苔原带雌性的马蝇、蚊子和蠓虫不吃的？（　）

A.野花的花蜜　B.灰熊的血

C.驯鹿的血　D.狼獾的血

谁能吃掉谁

热带稀树草原

食物链大揭秘

[美]丽贝卡·霍格·沃雅恩 唐纳德·沃雅恩／著 黄缇萦／译

中信出版集团·CHINACITICPRESS·北京

图书在版编目（CIP）数据

热带稀树草原食物链大揭秘 / (美) 丽贝卡 · 霍格 · 沃雅恩, (美) 唐纳德 · 沃雅恩著；黄缇萦译. -- 北京：中信出版社, 2016.11
（谁能吃掉谁. 第3辑）
书名原文: A Savannah food chain
ISBN 978-7-5086-6861-1

Ⅰ. ①热… Ⅱ. ①丽… ②唐… ③黄… Ⅲ. ①热带-稀树草原-森林动物-食物链-儿童读物 Ⅳ. ①S718.6-49

中国版本图书馆CIP数据核字(2016)第254544号

谁能吃掉谁系列丛书（第3辑）

热带稀树草原食物链大揭秘

著　　者：［美］丽贝卡 · 霍格 · 沃雅恩　唐纳德 · 沃雅恩
译　　者：黄缇萦
策划推广：北京全景地理书业有限公司
出版发行：中信出版集团股份有限公司
（北京市朝阳区惠新东街甲4号富盛大厦2座　邮编　100029）
（CITIC Publishing Group）
制　　版：北京美光设计制版有限公司
承 印 者：北京中科印刷有限公司

开　　本：889mm × 1194mm　1/16
印　　张：16
字　　数：272千字
版　　次：2016年11月第1版
印　　次：2016年11月第1次印刷
广告经营许可证：京朝工商广字第8087号
京权图字：01-2014-3240
书　　号：ISBN 978-7-5086-6861-1
定　　价：79.20 元（全四册）

服务热线：400-600-8099
投稿邮箱：author@citicpub.com

目 录

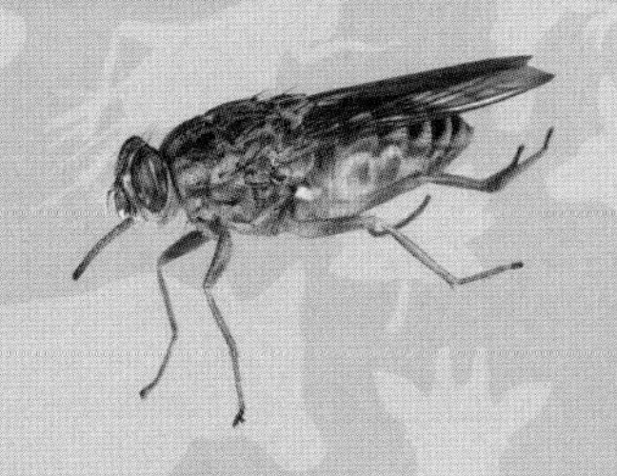

食物链大揭秘指南

所有热带稀树草原上的生物，对维持稀树草原的生态健康与发展都是不可或缺的。从你脚下的绊根草，到埋伏在前面的斑鬣狗，一切生物都紧紧地联系在一起。生物彼此依赖，传递能量——这就是食物链或食物网。

食物链中的植物和动物相互依存。有时食物链会突然中断，比如有一个物种灭绝了，这就会影响到食物链中的其他物种。

揭秘攻略

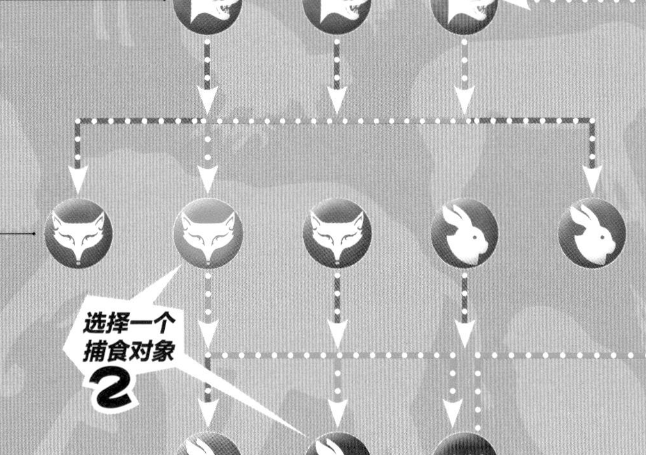

顶级消费者

那些天敌很少，以捕食其他动物为生的动物。在食物链中，最强大的捕食者被称为顶级消费者。

次级消费者

以其他动物为食的小型动物。次级消费者被顶级消费者捕食，同时，它们也是捕食者，通常捕食食草动物。

初级消费者

以植物为食的动物。

如果你的揭秘走到了终端，请回到目录，选择另一种顶级消费者（也就是一个新的角色），开始新的揭秘吧！

生产者

自己制造养分的生物，如植物。它们利用太阳的能量合成养分，还把营养提供给以它们为生的食草动物们。

分解者

以枯萎的植物或死亡的动物为食的生物，例如昆虫、细菌。

注意： 在你的揭秘历程中，如果发现走了回头路或在意想不到的地方终止，请不要感到意外，因为这就是食物链错综复杂的特点。

选择角色 开始我们的大揭秘！

狮子

请翻到第 2 页

猎豹

请翻到第 7 页

非洲野犬

请翻到第 25 页

斑鬣狗

请翻到第 14 页

尼罗鳄

请翻到第 10 页

特别提示

想了解更多有关热带稀树草原食物链的知识，请翻到第 29 页。

热带稀树草原上的两个季节

热带稀树草原上的“生命流动”由雨水来控制。每年3~5月是雨季，小水塘扩大为宽阔的湖泊，河流暴涨产生汹涌的洪水。6月至次年2月是旱季，降雨量很小，草原一天比一天干旱，一天比一天枯黄。动物们减少食量，迁移到很远的地方去喝水，等待着下一个雨季的到来。

欢迎来到热带稀树草原

热带稀树草原的天空看起来格外辽阔，那是因为你目光所及之处只能看到高草和多刺的灌木。星星点点的树木在沙漠上投下小块的阴影，偶尔可以看到从平坦的地面上凸起的悬崖和石头山，它们被叫作“小山”。

你能在稀树草原上看到地球上体型最大、速度最快、性情最凶猛以及样子最漂亮的动物。悄悄跟踪猎物的狮子，尖叫着的狒狒，正在奔跑的猎豹，还有巨大的非洲象——这些动物都隐藏在这稀树草原的高草中。

非洲有近一半土地是稀树草原。草原虽然面积很大，但也不是无边无际的。农民利用越来越多的草原放牧，农场将稀树草原切割成一块一块的，对其造成了破坏。洪水和干旱对草原的改变更大。但非洲人已采取了保护措施，毕竟这片富饶的草原是成千上万种动物的家。现在，我们就一起去这片土地上瞧一瞧吧！

狮子

夜幕降临，稀树草原上几千米范围内回响着一声吼叫——这只狮子醒了。他打了个哈欠，其实他今天已经睡了20个小时，根本不觉得累，只不过每次醒来都习惯打个哈欠罢了。你能从他大张的嘴巴里看见他长达6.4厘米的牙齿。

在他身旁，他的配偶也醒了，该出去找吃的了。雄狮又吼了一声，他是狮群的首领，这是在向其他狮子发出警告：这是我的地盘，不许入侵！狮群中有6头雌狮、2头小雄狮和几头幼崽。狮子的这种生活方式不常见，他们是仅有的集群生活和捕猎的大型猫科动物。

他今晚不和配偶一同捕猎。雌狮负责寻找食物和照顾幼崽，他则留在巢穴周围保护他们。他站在山丘上看着雌狮慢慢隐没于夜色之中，然后一边等，一边往后爪上撒尿，接着用后爪在土地上深深地挖着。他在散布气味，以标明领地，其他狮子闻到气味就会乖乖地走了。

长出鬃毛

雄狮大约两岁时会长出鬃毛（也是这时才会发出吼声）。不过你可能想不到，有些雄狮的鬃毛是浅金色，还有一些是棕色或者是接近黑色的。科学家们发现雌狮比较喜欢长着深色鬃毛的雄狮，不过他们也不知道原因。

这时，雌狮盯上了附近的一群角马，有一只可怜的家伙掉队了，就是他了！她们压低身子，偷偷匍匐接近，然后猛然扑上去。可惜角马逃跑了，雌狮空手而归。她们饿着肚子，继续寻找下一个猎物。

让人奇怪的是，狮子是个失败的猎手，猎物逃脱的概率比被捕杀的概率更高。第二次，运气来了，她们一起杀死了一只角马，这只角马完全伸展着四肢躺倒在地。

在雌狮的召唤下，雄狮前来享用美食。雌狮们都顺从地让开了，当雄狮享用角马时，她们都在一旁等待。他是首领，所以总是第一个用餐。不一会儿，其他雄狮也加入进来。如果食物匮乏怎么办？雌狮和小狮子要挨饿的话可太糟了。

雄狮用爪子把角马按在地上，撕下一块肉。一头3岁大的小狮子呜呜地叫着走了过来。雄狮大吼一声，转过来毫不客气地打了他一巴掌。小狮子还没长出鬣毛来缓冲这一击，他低低地叫了一声，跑回自己的位置。很快，小狮子就必须离开狮群，雄性首领不喜欢自己狮群里有任何其他雄性。小雄狮要单独生活几年，然后和其他地方的雌狮建立属于他自己的狮群。

雄狮用餐时，雌狮挤在一起，互相摩擦着对方的脸，她们脸上气味腺分泌的化学物质是独特的身份标识。接着，她们就开始用舌头梳理其他雌狮和小狮子的毛，这是每天例行的清洁工作。

雄狮吃饱了，懒洋洋地躺在树边的草地上。终于轮到雌狮和小狮子开饭了，而这时雄狮已经睡着了。

雌狮在清理小狮子

昨天的晚餐，他们吃了……

一只伸长了脖子吃树叶的**长颈羚**

请翻到第 24 页

一只在妈妈出去打猎时被抓走的**猎豹**幼崽

请翻到第 7 页

一只新生的**河马**

请翻到第 26 页

一只**东非狒狒**和她的宝宝

请翻到第 18 页

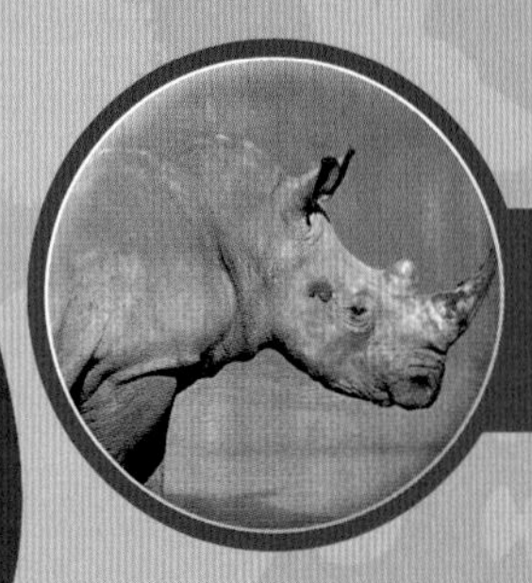

一只跑得离妈妈太远的小**白犀**

请翻到第 44 页

一只正在挖食物的**纳塔尔矮獴**

请翻到第 34 页

一只和妈妈分离的小**非洲象**

请翻到第 48 页

一只在空地被抓住的**鸵鸟**雏鸟

请翻到第 45 页

猎豹

天色破晓，猎豹起床了。她伸了个懒腰，舒展一下她格外长的四肢，接着爬到附近的一个白蚁丘上去寻找猎物。

她看见了一只黑斑羚，那是羚羊的一种。这只黑斑羚还小，而且独自跑得太远了。猎豹低下头，这是她跟踪时的典型姿势。她在草地中匍匐前进，直到离小黑斑羚40米远。黑斑羚觉察到危险，开始逃跑。追逐开始了！

豹与猎豹

豹和猎豹都是长着斑纹皮毛、在稀树草原狩猎的大型猫科动物。它们有什么区别呢？区别可大了。猎豹更高、体重更轻、速度更快——它们的身体构造非常适合在追逐中捉到猎物。豹更矮一些，身体更结实——它们是悄悄靠近猎物，然后凭借强大的力气把猎物控制住。如果你要通过外貌来分辨它们也很简单——猎豹长着黑色的实心斑点；豹则长着棕色的斑点，斑点外面围着一个黑圈。

08

猎豹在追逐瞪羚

猎豹有四条超长的腿和有力的后背，这可大有用处。她一跃可达6米，最快速度可达到每小时120千米，和高速公路上的小汽车一样快，不愧是陆地上奔跑速度最快的动物。

黑斑羚为了活命拼命地跑。但是猎豹追上了他，伸出爪子拍向黑斑羚，黑斑羚倒在地上。没等他再次站起来，猎豹就扑上去咬住了他的喉咙——整个捕猎过程不到一分钟。

猎豹通常是独居的。不过这只刚刚做了妈妈，她把猎物拖回了巢穴。小猎豹一听到妈妈回来了，纷纷跑了出来，他们想吞下这只黑斑羚。很快，豹妈妈就会训练小猎豹捕猎的技能：她把猎物活捉回来，再放走，这样幼崽就能练就追逐和扑咬的本领了。

昨天早上，猎豹捉到了……

一只斑鬣狗幼崽

请翻到第14页

一只在水塘边闲逛的小狭纹斑马

请翻到第17页

一只用树枝捅蚁冢的东非狒狒

请翻到第18页

一只小斑纹角马

请翻到第20页

一只走在高草丛中的小长颈羚

请翻到第24页

一只躲在巢穴里的非洲野犬幼崽

请翻到第25页

一只在刺槐树下的纳塔尔矮獴

请翻到第34页

一只第一次自己觅食的鸵鸟雏鸟

请翻到第45页

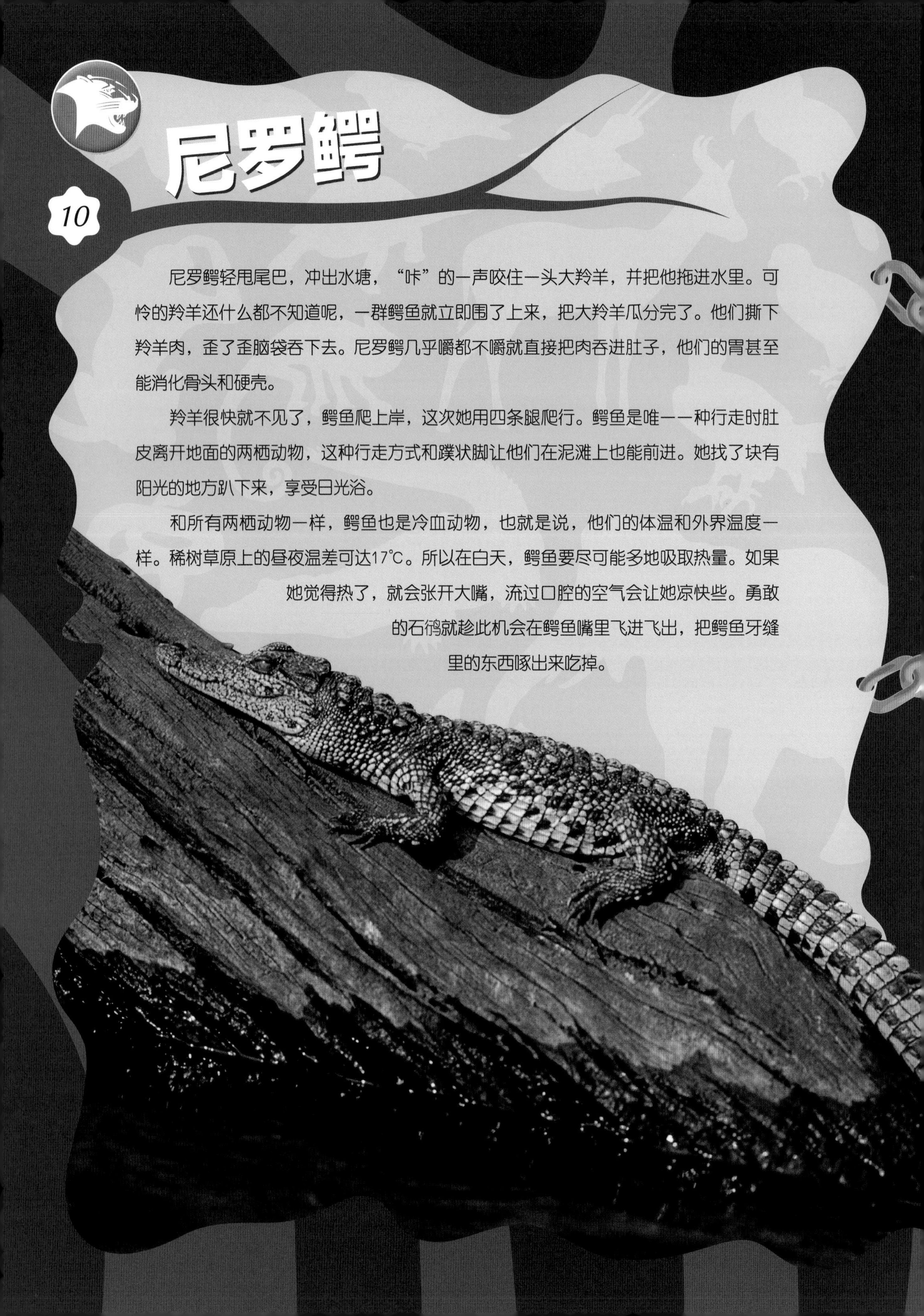

尼罗鳄

尼罗鳄轻甩尾巴，冲出水塘，"咔"的一声咬住一头大羚羊，并把他拖进水里。可怜的羚羊还什么都不知道呢，一群鳄鱼就立即围了上来，把大羚羊瓜分完了。他们撕下羚羊肉，歪了歪脑袋吞下去。尼罗鳄几乎嚼都不嚼就直接把肉吞进肚子，他们的胃甚至能消化骨头和硬壳。

羚羊很快就不见了，鳄鱼爬上岸，这次她用四条腿爬行。鳄鱼是唯一一种行走时肚皮离开地面的两栖动物，这种行走方式和蹼状脚让他们在泥滩上也能前进。她找了块有阳光的地方趴下来，享受日光浴。

和所有两栖动物一样，鳄鱼也是冷血动物，也就是说，他们的体温和外界温度一样。稀树草原上的昼夜温差可达17℃。所以在白天，鳄鱼要尽可能多地吸取热量。如果她觉得热了，就会张开大嘴，流过口腔的空气会让她凉快些。勇敢的石鸻就趁此机会在鳄鱼嘴里飞进飞出，把鳄鱼牙缝里的东西啄出来吃掉。

鳄鱼可不是随随便便就选了这个地方休息，她把卵藏在这里，还要提防其他饥饿的动物来偷吃。她小心翼翼地把卵埋在沙子里，在过去的80天当中，她都寸步不离。就在几分钟前，宝宝们开始吱吱地叫起来。一只小鳄鱼钻出沙子，接着又是一只。小鳄鱼用吻部顶端尖尖的卵齿戳破蛋壳，等小鳄鱼长大了，卵齿就会自动掉落。

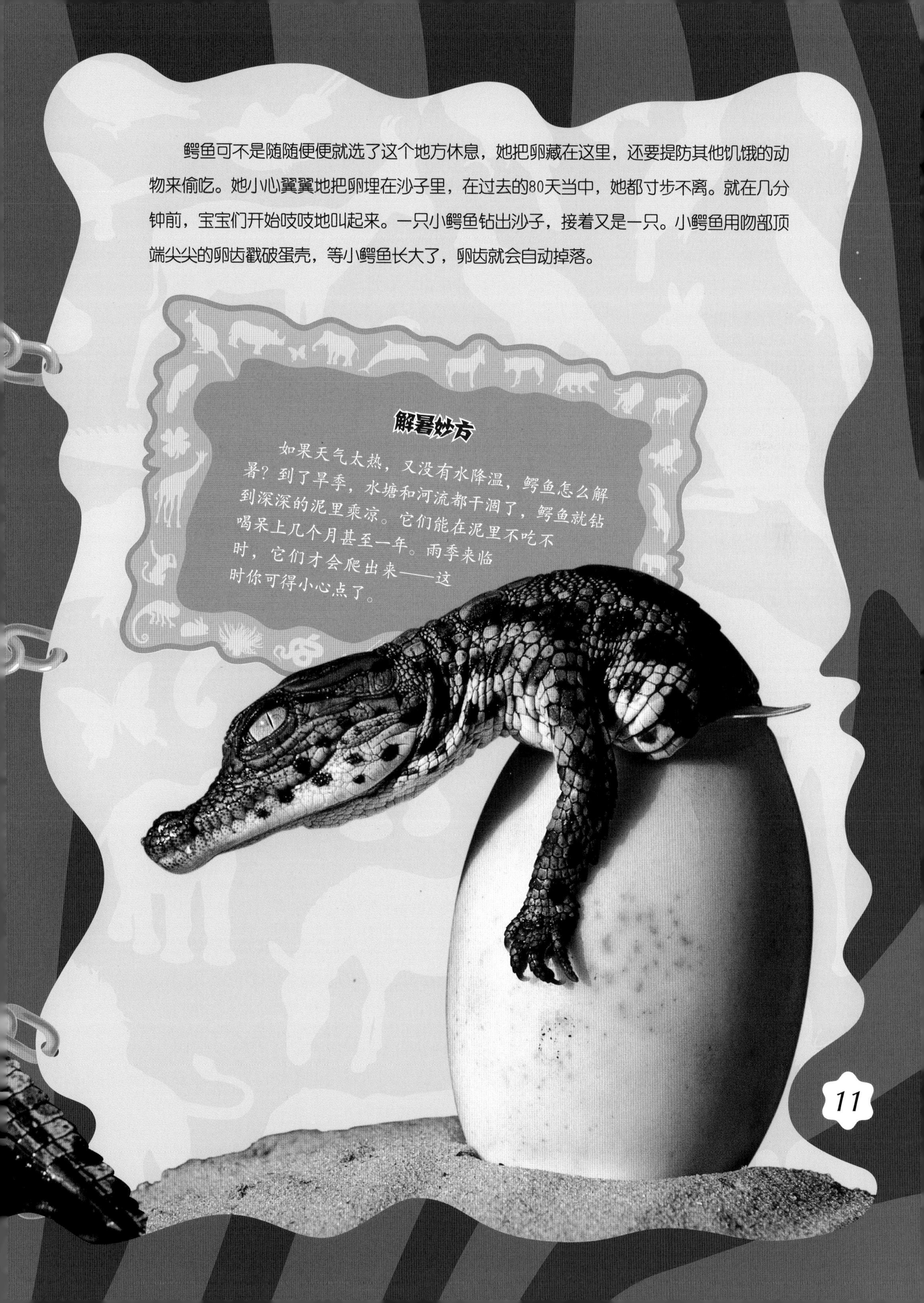

解暑妙方

如果天气太热，又没有水降温，鳄鱼怎么解暑？到了旱季，水塘和河流都干涸了，鳄鱼就钻到深深的泥里乘凉。它们能在泥里不吃不喝呆上几个月甚至一年。雨季来临时，它们才会爬出来——这时你可得小心点了。

鳄鱼静静地等待着，然后把两枚卵挖出来，吞进嘴里。不过她可不是要吃下去，而是要把蛋壳咬碎，帮助小鳄鱼孵化。她把小鳄鱼放在水边，转身回巢去了。忽然，她的眼角瞥到了什么，是一只想要偷袭的蜥蜴！她大吼一声冲了过去，不过为时已晚，蜥蜴已叼着一条小鳄鱼逃走了。

鳄鱼吃着他的每周一餐——雁肉

卵一个接着一个孵化，鸟、蜥蜴和龟都不怀好意地想来偷吃。一些小鳄鱼游到水里，一下子就被尖吻鲈吞掉了。下午3点左右，就剩下两条小鳄鱼了，他们趴在妈妈的头顶上，这样会安全一些。接下来的两个月中，鳄鱼妈妈将帮助小鳄鱼生存下去，小鳄鱼靠妈妈捕获的昆虫、鱼和大一些的猎物生存。

鳄鱼虽然以残忍著称，不过他们一周只进食一次。

上周，尼罗鳄吃下了……

一只来水塘边喝水的**狭纹斑马**

请翻到第 17 页

一只小**河马**，他的妈妈没有看住他

请翻到第 26 页

一只正在全神贯注咀嚼虫子的**红嘴牛椋鸟**

请翻到第 36 页

一只正在过河的**斑纹角马**

请翻到第 20 页

一只正趴在木桩上晒太阳的**豹斑陆龟**

请翻到第 32 页

一只**鹭鹰**

请翻到第 38 页

斑鬣【liè】狗

一只斑鬣狗挤进狗群里，此时此刻，其他的鬣狗正在撕咬一只他们刚刚一起猎到的汤普森瞪羚。他们一看到这只斑鬣狗，就都自觉地让开了，她是狗群的首领，理应先吃。

斑鬣狗把尖牙刺进羚羊的身体里，看这阵势，她一直要吃到肚子鼓起来为止。也只有吃到这个份儿上，她才会走开，接下来轮到其他雌性斑鬣狗，然后是幼崽，最后才轮到雄性斑鬣狗。通常轮到雄性斑鬣狗的时候只剩下羚羊骨头、羚羊蹄和羚羊角了，但他们还是会把这些全部吃掉。

首领返回洞穴，洞口很宽大，挖在地面上。洞口有15只小斑鬣狗在打闹，这些不全都是她生的。斑鬣狗群中所有的幼崽共同生活在一个大洞穴里，但首领所生的那两只个头最大。她们把其他小鬣狗挤到一边去，这跟她们的妈妈几分钟前对其他成年斑鬣狗所做的很像。这两只小鬣狗长大以后，会像妈妈一样，成为新的首领。

尽管斑鬣狗也集体捕猎大型动物，但他们通常单独狩猎。他们也是食腐动物，有时会偷吃其他捕食者的猎物。

一只斑鬣狗和她的幼崽离开洞穴

强劲的胃

鬣狗从不挑食，它们什么都吃，无论是活着的毛毛虫还是已经死了、腐烂发臭的河马。它们也能吞下动物身体的任何部分——无论多硬的骨头和角，它们用强劲的颌部都能咬得动。许多东西对鬣狗来说是食物，但却会令其他动物生病甚至死亡。

昨天的晚餐，斑鬣狗偷吃了……

一只在悠闲地吃草的 **狭纹斑马**

请翻到第 17 页

一只伸长脖子啃树叶的 **长颈羚**

请翻到第 24 页

一只钻入泥塘里的小 **河马**

请翻到第 26 页

一只正在挖昆虫幼虫的 **纳塔尔矮獴**

请翻到第 34 页

从猎豹那儿偷来的一只 **斑纹角马**

请翻到第 20 页

一只死了的 **非洲野犬**

请翻到第 25 页

一只小 **鸵鸟**

请翻到第 45 页

一头死了的 **非洲象**

请翻到第 48 页

狭纹斑马

尽管这只狭纹斑马没抬头，不过他已经看见在草原那一头的你了。他能同时看见近处和远处的东西，就是说他在低头吃草时既能看见草，也能看见远处的捕食者。不幸的是，对于狭纹斑马来说，地球上最危险的捕食者是人类。现在稀树草原上狭纹斑马的数量已经很少了，他们是濒危物种。因此，这是一个食物链的**终端**。

狭纹斑马皮很值钱，他们生活的草原也一样值钱。牧民想利用这片草原放养牲畜，因此就猎杀狭纹斑马。这些珍稀动物的生存越来越艰难了。

马和斑马

斑马和马是近亲，它们模样也很像。那么，除了一个有条纹一个没条纹之外，它们还有哪些区别？斑马个子矮一些，体形更像驴。它们的鬃毛更长更尖，马蹄更窄，尾巴尖有一小撮毛。最大的区别在哪里？人类能够驯化和训练野马，但在斑马身上从来没成功过。

东非狒狒

东非狒狒爬上高高的树吮吸着露珠，快速地补充水分。其他家族成员在她身边活动，小狒狒倒趴在她的肚子上，妈妈带着狒狒宝宝一起爬下树，来到地面上。

东非狒狒开始专心地给小狒狒梳毛，她用五根像人那样的手指翻动梳理着小宝宝的毛。然后家族成员们一个接一个地跟在雄性首领身后排成一排，今天他们要走3～8千米去觅食。

他们一边走，一边找寻果实和种子。一只母狒狒发现了两个蛋，她抓起一个来，把蛋壳擦干净，放进嘴里。我们的女主角很快拿走了另一个，她把蛋藏在一个颊囊里，这引起了那只母狒狒的尖声抗议。一旦发现食物，狒狒们可从不分享。

狒狒是杂食性动物，植物和动物他们都吃。

讨厌的坏家伙

非洲以外的其他地区的人觉得狒狒很有趣，但大多数非洲人并不认为狒狒是有趣的野生动物。许多非洲人觉得他们是害兽，因为在狒狒每天的活动中，它们时常踩坏农民的庄稼。

昨天的晚餐，狒狒吃了……

一只小**长颈羚**，有时狒狒会集体出动捕猎小动物

请翻到第24页

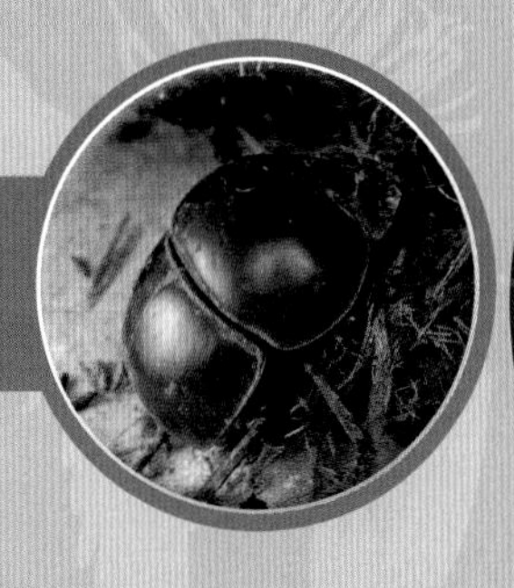

一只在泥土中蠕动的**蜣螂**幼虫

请翻到第40页

草、树木和其他生产者，比如从树上扯下来的刺槐树叶

请翻到第50页

一个从鸟巢里偷出来的**鹭鹰**蛋

请翻到第38页

一枚**鸵鸟**蛋

请翻到第45页

一群**白蚁**

请翻到第52页

斑纹角马

“哼——”斑纹角马一边用力拔起绊根草，一边发出哼哼声。斑纹角马的脑袋很长，眼睛长在头顶，所以在较高的草丛中吃草时，也能发现捕食者。

斑纹角马吃草的时候什么也不用担心，悠然地大口吃着草。这里有成百上千头斑纹角马，而且每天都有小的角马群加入。他们共同迁徙，穿越稀树草原。这是一年一度循环旅行的一部分。

你能想象你和你的兄弟姐妹拥挤在一起吗？所有的角马宝宝都在三周内相继出生，他们是表亲和邻居。实际上他们几乎做什么都在一起，这样才会安全。如果许多小角马一起出生，那么饥饿的狮子或鬣狗就不可能把他们全部吃掉，所以大多数小角马存活下来。

斑纹角马群来到河边，停下来，有些紧张。不过不出几秒钟，他们就在本能的驱使下跳进奔流的河水中，以最快的速度蹚过河水。其中一些会被湍急的河流淹死，不过大多数都安然无事。

“哗——”鳄鱼蹿了出来，斑纹角马该怎么办?

鳄鱼咬住这只倒霉的斑纹角马，把他向右拖，拉入水中，角马还在奋力地游向河流对岸。河岸泥泞陡峭，他蹒跚地踩过两头陷在泥沼里的角马，幸运的是他找到了稳固的落脚点。

这些食草动物为什么冒这么大的危险迁徙？在漫长的旱季，角马必须迁徙去寻觅足够的水和食物，否则就会死。角马是食草动物，一旦一个地方的草被太阳晒枯，他们就要到别处去找。角马还必须找到河流和水塘，在那里他们可以喝水，所以角马群跟随降水而迁徙。

科学家发现，角马迁徙可能还是为了寻找矿物质这种自然营养物。在他们的迁徙过程中找到的某些植物可以提供这种营养物，而其他的植物则不能。

天黑了，角马群放慢了脚步。这头斑纹角马找到了过夜的地方，他将和其他角马排成一列休息，这样就不会轻易受到狮子和其他捕食者的进攻了。

塞伦盖蒂国家公园是非洲最著名的天然动物保护区之一。你能在那里看到规模最大的角马迁徙，大约有150万头角马穿越草原寻找食物和水，很多斑马和羚羊跟在它们后面。一年的大部分时间它们都在一起迁徙。迁徙时，它们的路线呈环形，距离达到2 900千米。

昨天的晚餐，
斑纹角马在踩踏过的地上吃了很多……

草、树木和其他生产者
请翻到第50页

一群斑纹角马在肯尼亚的稀树草原上迁徙

长颈羚

长颈羚用后腿站起来的样子看上去像狗讨食：她用前腿拉下河边的树枝，伸长了脖子，吃其他羚羊够不到的树叶。她不吃草也不喝水，只从高高的树叶中汲取需要的水分和养分。长颈羚是食草动物，位于食物链的底端。

正在享用美餐的时候，她忽然嗅到了雄性长颈羚的气味。雄性长颈羚早就在这里做了标记，告诉别的长颈羚这里是他的地盘。雄性长颈羚的眼部和膝关节附近的气味腺会分泌出黑色的黏液，其他的雄性闻到气味会走开，雌性则会被吸引。

不远处的草丛出现一阵骚动，长颈羚惊慌地哼了几声。或许是捕食者发现了她藏在不远处灌木丛中的小宝宝。为了不让捕食者嗅出蛛丝马迹，她把小宝宝舔得很干净，连他的粪便也吃掉了。不过如果被捕食者偶然碰上，那就算是妈妈也不能保护他了，因为长颈羚妈妈没有尖利的牙齿和爪子。

长颈羚仔细地听着，骚动平息了。她飞快地跑回灌木丛，小宝宝看见妈妈，兴奋地轻叫了几声，他等不及要吃奶了。

昨晚的晚餐，长颈羚吃了……

草、树木和其他生产者，比如树木上较高位置的叶子

请翻到第 50 页

非洲野犬

看见刺槐树边上的洞了吗？那是非洲野犬的洞穴。不久前，还有两三只幼崽在洞外一边嬉戏，一边等着觅食的狗群回来。但和其他的洞穴一样，这个洞穴现在也空了。事实上，非洲野犬是世界上最濒危的动物之一，已被列入了濒危物种名录。稀树草原上剩余的非洲野犬数量仅有3 000～5 000头。这成了一个食物链的**终端**。

非洲野犬并不是未驯化的宠物狗，他们是一种独立的物种，和狼是远亲。他们在稀树草原上艰难地生活着。以前，我们能在非洲的39个国家看见非洲野犬的身影，现在只剩下15个了。养牛场占用了稀树草原的土地，用篱笆围起来的农田使得非洲野犬活动、狩猎等生存的空间减少。非洲野犬也可能会袭击牛，所以有时牧民会猎杀这些濒危动物。当然，这样做是违法的。

不祥之兆？

科学家把非洲野犬叫作指示物种，这意味着科学家是在近距离地观察它们。如果非洲野犬的生活状况不错，就意味着整个栖息地状况良好；如果它们受到威胁，就意味着其他动物的处境也很危险。如果这是真的，那么稀树草原上的动物在不久的将来也许都不复存在了。

河马

河马潜在水里，只露出眼睛、耳朵和鼻子。她体型巨大，看起来也很柔软，不过那可不是松软的脂肪，她浑身上下几乎都是肌肉，重达1360千克。她足够重，如果她愿意的话，可以待在河底休息。

一只小小的脑袋从她身边冒了出来，那是她的小宝宝。小河马刚出生时体重就达到45千克。河马是哺乳动物，他们绝大多数时候都待在水里，睡觉时也不例外，浮出水面呼吸时也不会醒来。小家伙想喝口奶，他钻到水下吸了一小口，他的耳朵和鼻孔会自动闭合，在水下屏息1分钟，而他的妈妈则可以屏息5分钟。

河马妈妈带着小宝宝游向岸边。天黑了，该吃饭了。河马在河里不是缓慢地走，而是在慢慢地往前跳，她用后腿蹬开河底的泥土在水中前进。她用两条前腿轻轻地搭在岸上，每只前脚上都长着蹼状的脚趾，这样她才不会跌倒。

小河马跟在妈妈后面，也浮出水面。他抖了抖脑袋，甩掉耳朵里的水，从鼻子里喷出一股水柱。忽然，河水泛白了，一条鳄鱼冲到河马和她的宝宝中间。

河马吼了一声，冲进水里。她的嘴巴张开时宽达1.2米，露出长达50厘米的锋利长牙。如果她咬住鳄鱼，粗大的长牙能轻易刺穿鳄鱼皮，并咬死他。

河马在游泳

自治药剂

如果你敢于近距离地观察河马，就能发现一些奇特的东西。河马的毛孔中会分泌出一种带咸味、难闻、呈油脂状的液体。那可不是流血，实际上，这种液体能防止河马被晒伤，也能帮助伤口迅速愈合。也就是说，河马会自己生成"防晒霜"和"抗生素"，科学家正在研究这种物质是否可以用于人类。

鳄鱼不是唯一被这种长牙伤害的动物。雄性河马用尖牙相互搏斗，通常一方会被杀死，幸存的河马身上也会留下纵横交错的伤疤。对于人类而言，河马是非洲最危险的动物，他们一年能用巨大的长牙咬死300多人。

鳄鱼很快被吓退了。他甩甩尾巴，到别处去找好得手的猎物了。

河马再次把小宝宝拱上岸。他们发出的声音很像海豚和鲸，和那些海洋中的哺乳动物是近亲。夜幕中，小河马跟着妈妈沿着一条深沟来到了他们吃草的地方，那是离河流不远的一片宽阔的草地。

河马每天晚上都来这里，吃相同的食物。

昨天的晚餐，河马吃了……

她把头凑在离地面很近的地方吃 **草、树木和其他生产者**

请翻到第 50 页

热带稀树草原食物链

能量沿着食物链传递，从太阳到植物，从植物到食草动物，从食草动物到捕食它们的食肉动物。能量也从死去的动物传递到植物和动物。

埃及眼镜蛇

在夜幕下，身长1.2米的埃及眼镜蛇钻出了老鼠窝。他刚才把老鼠全吃掉了，这样就能在鼠窝里住上一段时间。

眼镜蛇蜿蜒穿过灌木丛。他听不见声音，视力很差，不过这丝毫不影响他的行动。爬行中他总是伸出舌头，靠吐舌头来判断爬行方向，舌头能让他探测周围的环境。

忽然，眼镜蛇停住了，有东西胆敢入侵！他仰起头，鼓起颈部松软的皮肤，警告对方快点闪开——那是一只过路的蟾蜍。他一下子张开嘴，将毒牙刺进蟾蜍的身体，毒液迅速从锋利尖锐的毒牙流进蟾蜍体内。只要1克，眼镜蛇毒就能毒死1头大象和50个人——这只蟾蜍死定了！

蟾蜍很快就死了，然后眼镜蛇就把蟾蜍整个吞下，他要花上几天时间才能把食物完全消化。

蛇毒的功效

在传统的非洲药物中，眼镜蛇毒被用来治疗关节炎和风湿这两种使人疼痛的疾病。现代的医学正在尝试用蛇毒研制止痛药，蛇毒还正被试着用来治疗心脏病以及其他疾病。目前，蛇毒最普遍的用途是制造眼镜蛇抗蛇毒血清——一种用来治疗眼镜蛇咬伤的药物。

上周，埃及眼镜蛇吞下了……

另一条 **埃及眼镜蛇**

请翻到第 30 页

一只 **豹斑陆龟**

请翻到第 32 页

一只想偷几个眼镜蛇蛋的 **纳塔尔矮獴**

请翻到第 34 页

红嘴牛椋鸟 蛋

请翻到第 36 页

豹斑陆龟

这只豹斑陆龟正在晒日光浴，吸收太阳的温暖，可是两只活泼的小猎豹打扰了她。

豹斑陆龟的速度这么慢，应该是逃不过猎豹追捕的。不过猎豹可能不会注意到她。她壳上黄黑相间的斑纹能够帮助她隐藏在草丛中。不过，两只活泼的小猎豹看见了她，凑过来看看这到底是什么。她别无选择，把脑袋和四肢缩进壳里，然后等小猎豹离开。

猎豹嗅嗅陆龟，用鼻子顶顶，伸出爪子拍拍。其中一只猛地拍了一下，一巴掌把陆龟掀翻了。后来他们觉得不太好玩，就走了。他们不饿，只是对这圆圆的东西好奇而已。不幸的是，对于她来说，肚皮朝天是最危险的姿势，这样容易被捕食者吃掉。如果她不能翻过来，那

豹斑陆龟蛋

豹斑陆龟把卵产在稀树草原烤干的泥土中。有时泥土太硬了，陆龟妈妈还得用尿液让它软和些，然后才用后腿刨出坑来产卵。产卵以后，陆龟妈妈用土把坑盖上，就爬走了。龟类不抚养后代，小乌龟孵化后，也要奋力爬出这坚硬干燥的土地。有时它们得等雨季来临，才能爬上地面。

豹斑陆龟把头和四肢缩进壳里来保护自己免遭其他动物的攻击

就糟糕了。

翻过来可不那么简单。她的壳边缘很陡，好在她还没完全长大。豹斑陆龟可长到27千克。陆龟越大，就越难被掀翻，被掀翻后就越难翻回来。我们的女主角靠着强有力的颈部肌肉和爪子翻了过来，继续前进。

她是食草动物。昨天，她吃了稀树草原上的……

草、树木和其他生产者

请翻到第50页

纳塔尔矮獴

【měng】

纳塔尔矮獴从白蚁冢里伸出脑袋，他昨晚就睡在这里。他跑出来，开始一天的生活。纳塔尔矮獴身长只有30厘米，是稀树草原上最小的食肉动物。他后面跟着15只伙伴，他们叽叽喳喳地聊着，好像是在策划着如何打猎。他们一直在一起，但是居无定所，他们不会再回到这个白蚁冢了。

他们拼命地刨着土，想挖点什么出来当早饭。他们折起耳朵，防止挖起来的尘土掉进去。啊哈！一只蜘蛛躲在泥土下，纳塔尔矮獴伸长了爪子搜刮了一下蜘蛛的巢穴，然后就把猎物吞下了肚子。

吃了小点心后，这群纳塔尔矮獴就集合起来去捕食更大的动物了。他们一起钻进草丛，一只黄嘴弯嘴犀鸟从他们头顶上掠过。这种鸟常常和纳塔尔矮獴一道捕猎，纳塔尔矮獴在草丛里的活动把昆虫都赶了出来，这样，黄嘴弯嘴犀鸟就能逮到昆虫了。

忽然，犀鸟一拍翅膀飞走了。一定是有捕食者在附近！这只纳塔尔矮獴一下子躲进附近一根空木桩里，他偷偷地探出脑袋来看，原来是一群斑鬣狗路过，幸好犀鸟及时发出警告。希望斑鬣狗快点走开，因为他还饿着呢。

昨天的晚餐，纳塔尔矮獴捉到了……

一条埃及眼镜蛇

请翻到第30页

红嘴牛椋鸟蛋

请翻到第36页

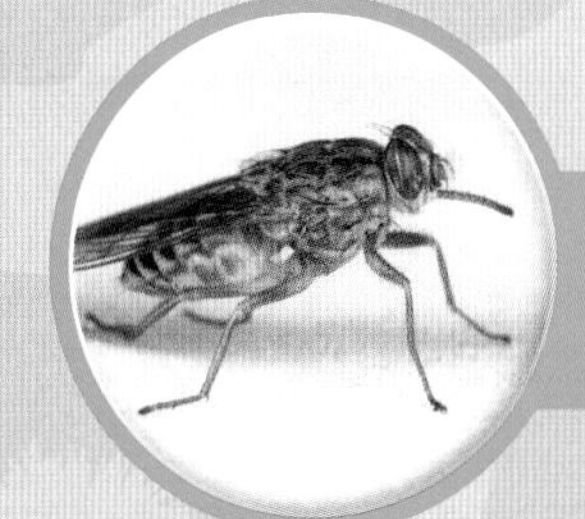

埋在地下的刺舌蝇幼虫

请翻到第42页

一只刚刚孵化的豹斑陆龟

请翻到第32页

一只正在搜集粪便的蜣螂

请翻到第40页

一个鸵鸟蛋，当然得和大家分享

请翻到第45页

从泥土中挖出来的白蚁和其他昆虫的幼虫

请翻到第52页

红嘴牛椋【liáng】鸟

红嘴牛椋鸟在一头非洲水牛的脸上停栖着，用他鲜红的喙啄着水牛的毛。他向前跳了两步，盯着水牛的大鼻孔，接着把脑袋伸进去，叼出一条扁虱。

水牛跺着脚，摇着脑袋，发出响亮的吼声。红嘴牛椋鸟飞走了，不一会儿又回来了，这次是停在水牛的尾部。牛椋鸟一整天都会在水牛身上找蜱螨、虱子和苍蝇。昨天红嘴牛椋鸟找了一头犀牛，前天是长颈鹿。动物们一般不会介意，他们希望那些讨厌的害虫被清理掉。

红嘴牛椋鸟开始啄着水牛身体侧面的一个伤口。多数情况下他们是有益的，不过有时动物的伤口就会因此减慢其愈合速度，这是不利的。

红嘴牛椋鸟在长颈鹿脖子上啄食

红嘴牛椋鸟在喝水牛的血。他用红黄相间的眼睛观察着稀树草原，这里的视野很好，他看见一只狮子正在朝这里走来。

红嘴牛椋鸟尖叫一声飞走了。水牛被吓了一跳，抬起头来，也跟着走了。多亏他的警告，水牛逃过一劫。

昨天的晚餐，红嘴牛椋鸟吃了……

斑纹角马 身体侧面的伤口中流出的血

请翻到第 20 页

白犀 身上的蜱螨

请翻到第 44 页

在半空中被抓住的飞行的 **白蚁**

请翻到第 52 页

非洲象 伤口流出的血

请翻到第 48 页

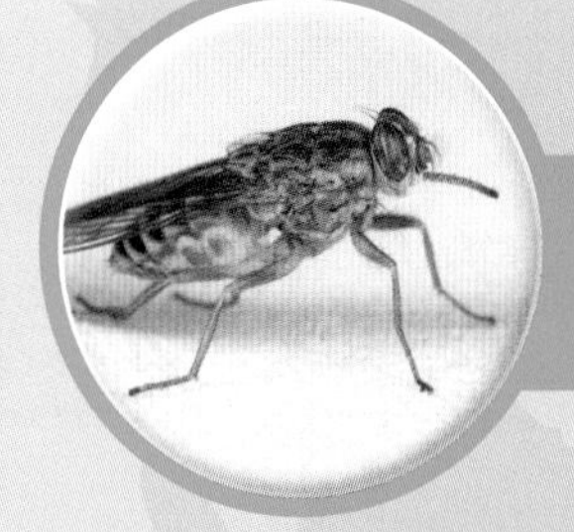

从河马背上飞走的 **刺舌蝇**

请翻到第 42 页

鹭鹰

鹭鹰在满是尘土的地面上大踏步地走来走去。他有1米多高，两条长腿像高跷似的。腿的上部长着黑色羽毛；下部无毛，橘黄色，细长。尽管鹭鹰会飞，不过他们更喜欢步行。今天他已经走了超过16千米了。

一股烟飘来，草丛着火了！旱季稀树草原常常发生自燃。但鹭鹰不像其他动物那样急着逃跑，反倒向着火的方向去寻找猎物。今天他的运气来了，其他动物都忙着躲避大火，而没有注意到他的到来。

一条毒蛇爬过。鹭鹰走过去想杀死他。毒蛇发起反击，但鹭鹰迂回曲折的步伐和一上一下摆动的脑袋让别的动物很难攻击到要害。即使毒蛇攻击到鹭鹰，也只能咬住他多节的脚，但他脚上的皮肤太厚，毒牙无法穿透。鹭鹰跳起来，准确地踩住毒蛇的头，美餐便到手了。

他叼起蛇飞走了，这可不是只给他自己吃的。他要把食物带给他的妻子——过去几个星期都在巢里孵蛋的雌鹭鹰。

三人行

鹭鹰的巢有2米多宽，藏在具刺金合欢的树顶，很难被看见。它的终身伴侣孵蛋，蛋共有三枚。当它们孵化出来时，很可能只有两只雏鸟会吃饱喝足，第三只将会挨饿。

昨天的晚餐，鹭鹰夫妇吃了……

尼罗鳄蛋和孵化出来的小尼罗鳄

请翻到第10页

红嘴牛椋鸟蛋

请翻到第36页

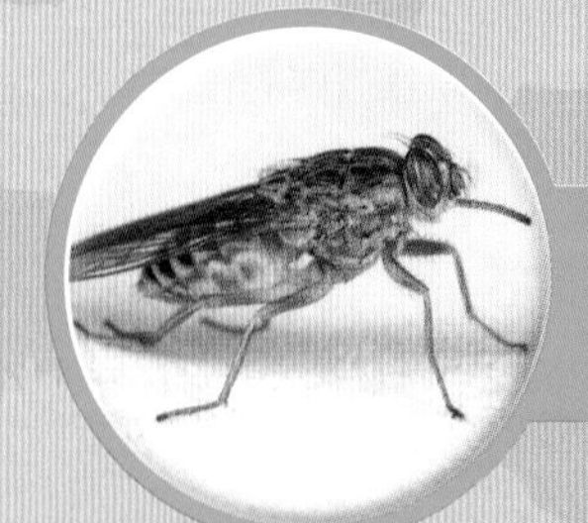

一些讨厌的刺舌蝇

请翻到第42页

白蚁和其他昆虫的幼虫

请翻到第52页

一对蜣螂

请翻到第40页

一条埃及眼镜蛇

请翻到第30页

蜣螂

两只2～3厘米大的黑色甲虫趴在一堆新鲜的大象粪便上。他们不是唯一的来客，其他的蜣螂已经捷足先登。但是别担心，草原上有许多粪便可供他们随意挑选。

这两只蜣螂是夫妻。他们先吃了一点粪便，然后用铲子形的脑袋割出高尔夫球大小的一块。为了让圆球更加规整，他们在粪球上爬行。他们爬了一圈又一圈，用前足拍打粪球。等到大功告成，他们就爬下来，用两条后足把它往前推，粪球像雪球一样，越滚越圆。

他们把这粪球滚到藏身处，这是一个整洁、柔软的地方。他们把粪球滚到这里，就开始在粪球下挖洞。雌虫会在粪球中产下一枚卵，这样能使卵躲避饥饿的捕食者。幼虫孵化出来后，将以粪球为食。

所有的动物都需要排泄，所以蜣螂不愁没有食物。不过一般来说，他们更喜欢大型动物的排泄物。

帮助植物生长

蜣螂的生活方式听起来有点恶心，不过它们对保持稀树草原生态的良性运转起着重要作用。粪便为土壤提供丰富的营养，蜣螂在草地上滚动粪便时就把营养分散到每一寸土地中。这样只需要加上雨季中的一点点降水，植物就能够得到他们生长所需要的营养。

昨天的晚餐，蜣螂吃了……

狮子 的粪便

请翻到第 2 页

猎豹 的粪便

请翻到第 7 页

东非狒狒 的粪便

请翻到第 18 页

斑鬣狗 的粪便

请翻到第 14 页

白犀 的粪便

请翻到第 44 页

非洲象 的粪便

请翻到第 48 页

刺舌蝇

刺舌蝇从角马群中的一头角马飞到另一头角马身上。她叮了一头行动迟缓、看上去生了病的角马，吸了他的血。刺舌蝇是稀树草原上最危险的生物之一，这种小飞虫在非洲各地传播着疾病。

吸完这头虚弱角马的血后，刺舌蝇飞到一头健康的小角马身上。在吸血的同时，她也把病角马的病菌传染给小角马。过不了多久，小角马将开始有生病的征兆。刺舌蝇传播的这种疾病叫作锥虫病，在人类中也叫睡眠症，每年有上千动物和人死于这种疾病。

只有5%的刺舌蝇是病菌携带者。不过这已经足以对草原上的动物造成巨大的危害。一头长颈羚一天之内就会被刺舌蝇叮上100次之多。目前，科学家还没有想出对付这些害虫的办法。刺舌蝇一天可飞行约10千米，所以甚至是喷洒了杀虫剂的地区也不能长时间地摆脱刺舌蝇的骚扰。

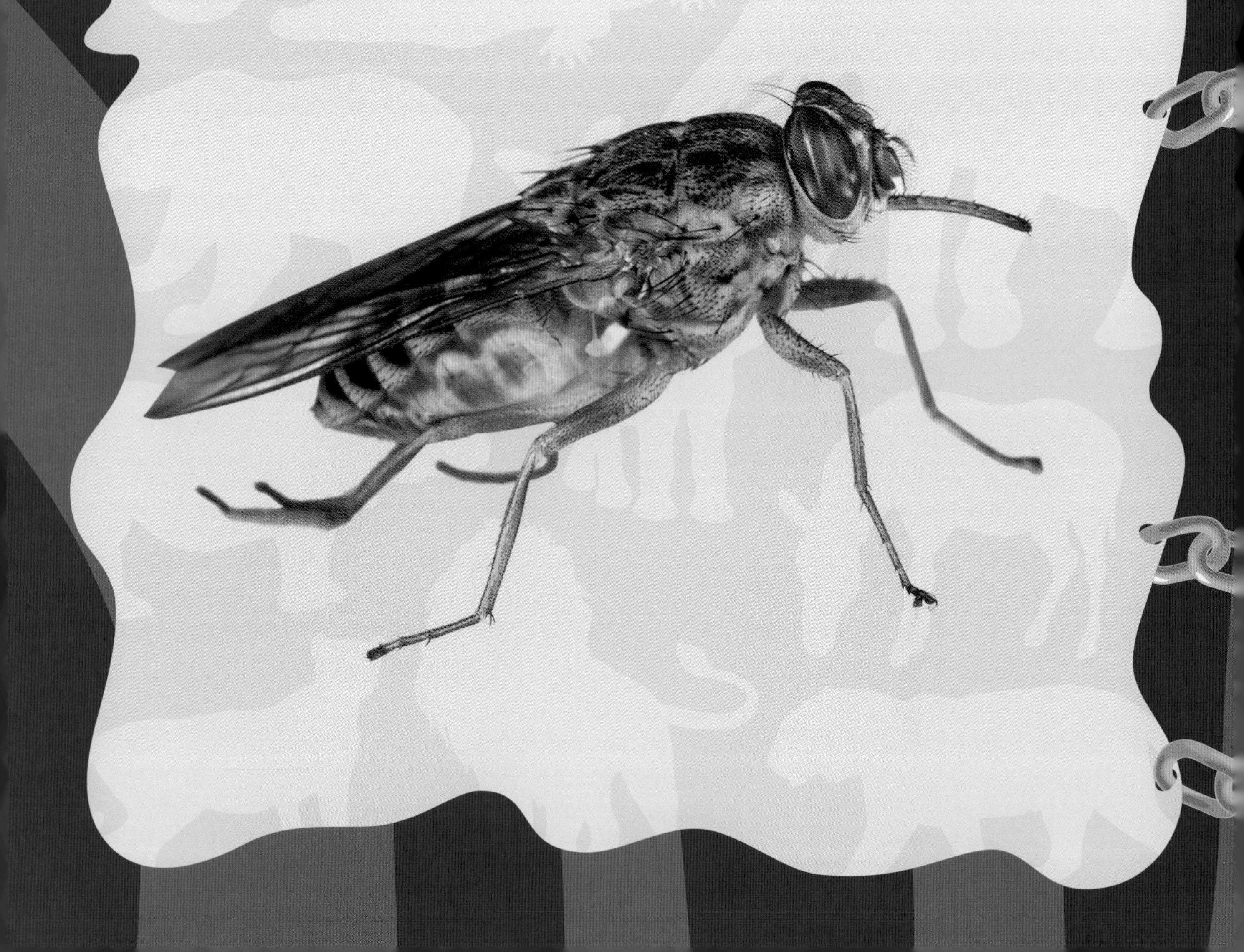

昨天的晚餐，
刺舌蝇吸的血来自……

一只正在嚼着干草的 **狭纹斑马**

请翻到第 17 页

一只正在吃草的 **斑纹角马**

请翻到第 20 页

一只正在刨土找食物的 **纳塔尔矮獴**

请翻到第 34 页

一头 **非洲象**

请翻到第 48 页

一只正在吃水果的 **东非狒狒**

请翻到第 18 页

一只在兽穴里睡着了的小 **非洲野犬**

请翻到第 25 页

一只正在觅食的 **鹭鹰**

请翻到第 38 页

用犀牛角打斗的 **白犀**

请翻到第 44 页

白犀

这只年轻的白犀在草原上漫步，加筑巨大的粪堆，他用粪便来表示领地。他知道不久后首领就会来，那只成年雄白犀很有可能把这堆臭东西撞倒，以显示他才是首领。但是他错了，首领永远也不会来了，因为他在两天前被枪杀了。偷猎者锯下犀牛角去卖，把尸体丢在草丛里。不幸的是，这种事经常发生。犀牛由于偷猎者的肆意捕杀而濒临灭绝，已经被列入濒危物种名录。所以这是一个食物链的**终端**。

一些人想尽办法保护白犀。野生动物工作者设法捕获白犀，给白犀注射麻醉剂，趁犀牛睡着时没有痛苦地锯下犀牛角，他们没有角也能生存。这样一来，偷猎者就不会将注意力放在猎杀犀牛上了。人们还建立动物园和其他的野生动物保护区来保护他们，精心地照顾他们，白犀毕竟是犀牛中为数不多的幸存者了。

鸵鸟

鸵鸟弯下他近3米高的身子靠近地面。他可不是要把头埋进沙子里，而是伸出光秃秃的长脖子轻轻翻转窝中30个巨大的蛋。鸵鸟蛋大得惊人，每个相当于24个鸡蛋的大小。这样经常翻一翻能保证小鸵鸟在蛋壳中发育良好。

一只雌鸵鸟走到他身边来帮忙。雌鸵鸟的羽毛是浅棕色的，没有雄鸵鸟黑白相间的羽毛那么亮眼。所有这些鸵鸟蛋都是雄鸵鸟的，但不全是这一只雌鸟所产的。这些鸵鸟蛋是五只不同的雌鸵鸟产下的，她们都和这只雄鸵鸟共同生活，轮流照看这些蛋。

雄鸵鸟退到一边抖抖他蓬松的羽

大鸟

鸵鸟是世界上现有的体型最大、体重最重的鸟类。因为它们确实太重了，所以不会飞。不过没关系，它们跑得很快。鸵鸟的腿部肌肉非常有力，奔跑时速可达65千米。那它们的翅膀有什么用呢？原来它们一边跑，一边张开翅膀保持平衡和改变方向。

毛，这些优雅且长的羽毛曾让他们的祖先陷入困境。过去，人们把戴鸵鸟毛视为时尚。鸵鸟曾遭到大规模的猎杀，几乎绝迹。也是从那时开始，人们采取了保护措施。

鸵鸟往自己的羽毛上扔沙砾，这种沙浴可以把羽毛上的小虫子清理掉。接着他啄食地面，把沙砾吞下去。这不是他的食物，但他必须吃一些这样的东西。鸵鸟没有牙齿，体内的沙砾和石子能碾碎他吞下去的食物。补充了一些砂砾之后，他准备找吃的了。

鸵鸟是杂食动物，就是说动物和植物他们都吃。

昨天的晚餐，鸵鸟吃了……

草、树木和其他生产者，比如曼杰提树的叶子

请翻到第50页

豹斑陆龟蛋

请翻到第32页

一只正在寻找配偶的蜣螂

请翻到第40页

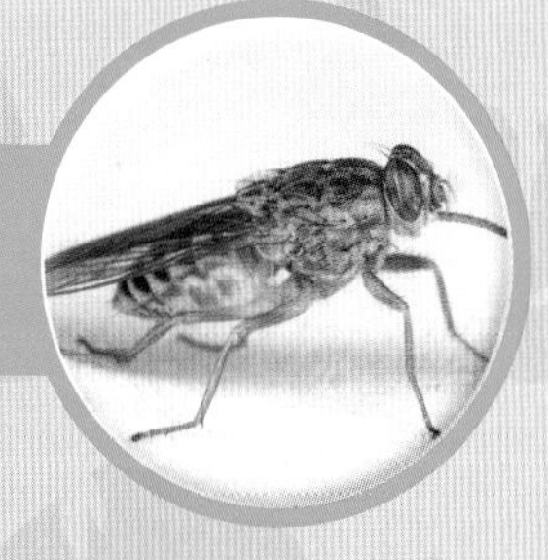

从土里爬出来的刚刚孵化的刺舌蝇

请翻到第42页

几只白蚁幼虫

请翻到第52页

非洲象

非洲象用长鼻子把泥喷到肩上。泥土能覆盖在她的皮肤上，让她不被太阳晒伤或被昆虫叮咬。她一岁大的小宝宝躲在妈妈庞大身躯下的阴凉处。象是在陆地上生活的最大的动物，一些成年雄象的体重可达6～7吨，相当于三辆小卡车的重量。不过，这是一个食物链的**终端**，非洲象已濒临灭绝。

野生环境下的非洲象数量只有30万头，他们被列入了濒危物种名录。即便如此，偷猎者还会猎杀这些濒危动物，割下他们的牙拿去卖。这不仅仅是杀掉了为数不多的非洲象，而是危及整个象群。年长的母象是象群首领，但偷猎者的目标首先是最年长的象，因为象牙最长。现在，象群首领的年纪越来越小了，很多时候，她们并没有完全学会如何带领象群。

象牙能够随着象的年纪增长而增大，目前收集到的最大象牙重达77千克，相当于成年人的体重。不过现在，一般象牙都来自于更年轻的象，这些象牙只有6千克，和一只猫的重量差不多。如果人们让象自然死亡，那么能搜集到的象牙就会是现在的3倍。但不幸的是，已经很难发现年老的象了。

大象家族走过一片土地

象牙

象牙就是大象的两颗巨大牙齿。犀牛也有大角，不过象和犀牛不同的是，象靠这两颗牙齿生存。它们用象牙折断树木、挖掘洞穴和自我防御。大象其他的牙齿叫作臼齿，它们用这些平坦的牙齿咀嚼食物。大象是食草动物，每天要吃约100千克的植物。象一生中会长出6组共24颗牙齿，每当一颗新牙长出，新牙就会把旧牙往前推一个位置。象30岁时会长出最后一组牙齿，60岁时牙齿就会失去咀嚼能力，在那之后，它们就会饿死了——当然，这是在长时间都没有遇到偷猎者的情况下。

草、树木和其他生产者

热带稀树草原不是植物容易生存的地方。昼夜温差大，旱季干旱，雨季洪水，但这些生产者却和这里的动物一样顽强。

稀树草原上铺满野草，它们是这里食物网的中心环节。一些植物，比如绊根草，被压下去时像厚厚的地毯。它们的根扎得很深，能从干燥的土地深处汲取水分。另一些较高的草为活动在其中的动物提供了隐蔽的空间。紫狼尾草能长到3米高，如剃刀形的边缘会割伤较薄的皮肤，只有体型极小或皮肤极厚的动物才能在紫狼尾草丛中行走。

树木是稀树草原上另外一种重要的植物。它们数量稀少，相隔很远，但为许多动物提供了必要的阴凉和食物。除一些长在河边的灌木外，其他的树木上树叶很小，甚至连树叶都没有。不长树叶的树木能在旱季长期把水分储存在树干中。猴面包树一年中有9个月都不长树叶，但它们的储水能力能让它们存活上千年。

灌木和阔叶植物是稀树草原上另一些生产者。死去的动植物分解后进入土壤的营养物质为它们提供必要的养料。

光合作用

植物通过光合作用生产食物和氧气。它们吸收二氧化碳和水分，利用阳光中的能量，把二氧化碳和水分转化成所需的食物。

“你知道吗？”答案

1.A 2.D 3.C 4.A 5.B
6.A 7.B 8.A 9.B 10.D

昨晚，稀树草原的植物吸取的养分来自……

被蜣螂扩散的粪便

请翻到第40页

一只死去的狮子

请翻到第2页

一只死去的尼罗鳄

请翻到第10页

一条死去的埃及眼镜蛇

请翻到第30页

一只死去的斑鬣狗

请翻到第14页

一只死去的猎豹

请翻到第7页

一只死去的河马

请翻到第26页

一只死去的鹭鹰

请翻到第38页

白蚁、昆虫幼虫和其他分解者

你一定看见过蚁冢。它的外形像一个巨大的土堆，比你的个子高很多。白蚁在稀树草原上起着重要的作用。他们和昆虫幼虫一起，分解稀树草原上的植物。如果不是他们把枯死的木桩和树叶啃掉，稀树草原上将到处都是枯枝落叶了。

还有一些分解者负责分解死亡动物的尸体。像秃鹫之类的食腐动物会第一个把狮子吃剩的猎物吃掉，然后苍蝇和昆虫幼虫开始吃掉秃鹫吃剩的小块猎物。这一过程同时也帮助稀树草原上的草和树木获得营养。

白蚁进出蚁冢

秃鹫在吃动物尸体

昨天的晚餐，
分解者享用了……

一只死去的**狮子**

请翻到第 2 页

一只死去的**尼罗鳄**

请翻到第 10 页

一只死去的**狭纹斑马**

请翻到第 17 页

一条死去的**埃及眼镜蛇**

请翻到第 30 页

草、树木和其他生产者，比如折断了的树枝和树叶

请翻到第 50 页

一只死去的**非洲野犬**

请翻到第 25 页

一只死去的**斑鬣狗**

请翻到第 14 页

一只死去的**猎豹**

请翻到第 7 页

动物小档案

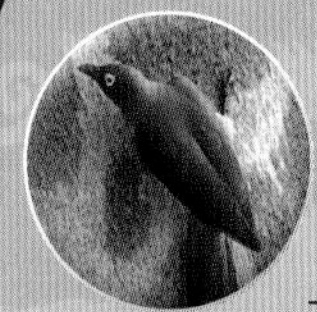

红嘴牛椋鸟

分布于非洲中南部。与一些哺乳动物共生，以皮屑、寄生虫为食。

豹斑陆龟

主要生活在非洲南部的热带稀树草原地区，草食性龟类。

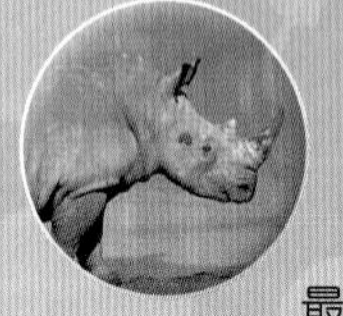

白犀

又名方吻犀，是现存犀牛中个头最大的。白犀生活在非洲大草原，主要以草为食。

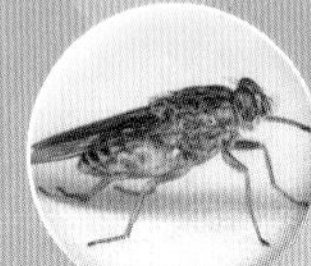

刺舌蝇

一般见于林地，在开阔的林地觅食。吸食动物血液，能传播疾病。

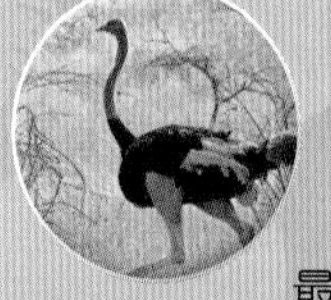

鸵鸟

一种不能飞的鸟，也是现存体型最大的鸟。主要以植物为食，有时候也捕食动物，比如蝗虫、蚂蚱。

尼罗鳄

大型鳄鱼，主要栖身于河流及湖泊之中。捕食羚羊、斑马、水牛等，甚至可以猎杀河马、狮子以及人类。

蜣螂

成虫食性各异，有的以植物为食，有的以腐败有机物为食，也有以粪便为食者。幼虫多生活于土中，以土中有机物为食。

斑鬣狗

栖息于非洲大草原。夜晚出来觅食，除寻觅腐肉外，喜欢中型的有蹄类（如角马或斑马）多于大型（如非洲水牛）或小型（如汤普森瞪羚）的动物。

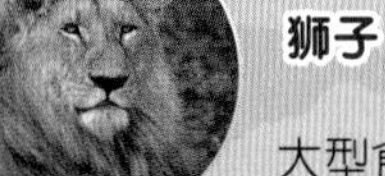

狮子

大型食肉动物，栖息在热带的草原和荒漠地带，喜居于靠近水源的地方。以各种羚羊、斑马和疣猪等为食，偶尔捕食长颈鹿。

猎豹

奔跑速度最快的哺乳动物，主要栖息于开阔平原上的丛林或有树林的干燥地区。捕食体重小于40千克的哺乳动物，如瞪羚、黑斑羚、野兔。

非洲野犬

生活在非洲草原、灌木丛以及稀疏林地的一种犬科动物。一般以中等体型的有蹄类动物为食。

河马

大型水陆两栖偶蹄类动物，生活于湖沼、河川等水草丰盛的地方。以水生植物为食，多数时间在水中生活。

狭纹斑马

斑马中体型最大的一种，分布于非洲的肯尼亚和埃塞俄比亚。主要以草为食，同时也吃水果、灌木和树皮。

东非狒狒

白天活动，主要栖息于草原、草地、开阔的林地、石砾山地等区域。通常在地面活动，亦会爬树，杂食性。

斑纹角马

也称蓝角马，广布于非洲东部和南部，是非洲草原上最常见的大型动物之一。群居食草动物。

长颈羚

一种生活在东非的羚羊。与其他羚羊不同，长颈羚不吃低处的植物，而是靠后腿及长颈来吃树叶。

纳塔尔矮獴

小型食肉动物，主要生活在干燥的草地、开阔的森林或灌木地区。以昆虫（主要是白蚁、草蜢、蟋蟀）、蜘蛛、蝎子、小蜥蜴、小鸟、小鼠、蛇等为食，有时也吃水果。

埃及眼镜蛇

毒性强烈，主要栖息在较为干燥而且有少量水源及植被的热带草原或半沙漠地区，少出没于沙漠地带。主要捕食蜥蜴、蟾蜍、鼠类等各种小型动物，还包括眼镜蛇在内的其他蛇类。

鹭鹰

一种大型陆生猛禽。它是非洲的特有物种，一般栖息在撒哈拉以南非洲的草原。猎物包括昆虫、小型哺乳动物、蜥蜴、蛇、幼鸟及鸟蛋，有时甚至会吃动物尸体。

非洲象

分布于北起苏丹草原，南至南非腹地，东从东非沿岸，西达赤道一带，主要栖息于热带草原和稀树草原地区。以植物为食。

多一点小知识

濒危物种名录：濒临灭绝的动物的名录。

哺乳动物：长有体毛，并且用自己的乳汁喂养幼崽的动物。

捕食者：捕食其他动物的动物。

初级消费者：以植物为食的动物。

次级消费者：以其他动物或昆虫为食的小型动物和昆虫。

顶级消费者：那些天敌很少，以其他动物为食的动物。

分解者：以枯萎的植物或死亡的动物为食的生物，例如昆虫、细菌。

旱季：没有降雨的很长一段时间。

冷血动物：依靠外界热量，如来自太阳的热量来保持体温。爬行动物是冷血动物。

猎物：被其他动物捕食的动物。

灭绝：地球上曾有过但现在已经消失的，多指生物。

栖息地：植物或动物生活和生长的地方。

生产者：自己制造所需食物的生物。植物是生产者。它们从土壤中吸收营养，利用太阳光、水和二氧化碳制造自己所需的食物。

食草动物：以植物为食的动物。

食腐动物：以死去的植物或动物为食的动物。

食肉动物：以其他动物为食的动物。

食物链：一个系统，在这个系统中，通过捕食与被捕食的过程，能量由太阳传递到植物和动物。

食物网：由许多相互连接的食物链组成。

偷猎者：偷盗或者非法猎杀野生动物的人。

物种：一系列有亲缘关系的动物或植物。

细菌：一类单细胞微生物。

营养：有助于植物或动物生存的物质，特别是食物中的物质。

幼虫：昆虫的一生中像蠕虫一样的阶段，这个阶段位于卵和成虫之间。

杂食动物：以肉和植物为食的动物。

你知道吗？

（答案在书中找）

1 "有食物从不分享""时常踩坏农民的庄稼"，以下哪位有这些恶劣行径？（ ）

A.东非狒狒 B.长颈羚 C.鸵鸟 D.非洲野犬

2 埃及眼镜蛇靠什么来辨别方向？（ ）

A.眼睛 B.尾尖 C.皮肤 D.舌头

3 以下哪种"马"和羚羊一起迁徙？（ ）

A.狭纹斑马 B.河马 C.斑纹角马 D.蓟马

4 以下关于刺舌蝇的说法哪个是不正确的？（ ）

A.目前，科学家已经有足够的办法对付这些害虫 B.有5%是病菌携带者

C.一天可飞行约10千米 D.能传播锥虫病

5 蜣螂在草地上滚动粪便，为什么说这点有利于保持稀树草原生态的良性运转？（ ）

A.有利于草原的干净整洁

B.能够把营养分散到每一寸土地中

C.能让自己的宝宝不饿肚子，维持食物链的平衡

D.能够专门给某种植物施肥

6 下列哪种动物是仅有的集群生活和捕猎的大型猫科动物？（ ）

A.狮子 B.猎豹 C.美洲豹 D.丛林猫

7 你觉得以下哪两种动物能和谐共处？（ ）

A.埃及眼镜蛇 VS 纳塔尔矮獴 B.水牛 VS 红嘴牛椋鸟

C.鹭鹰 VS 尼罗鳄 D.鸵鸟 VS 豹斑陆龟

8 两栖动物虽然生活空间选择面比较广，但是有一点，走路的时候肚皮总是蹭地面，不过有种两栖动物就没这个困扰，你觉得是谁呢？（ ）

A.尼罗鳄 B.埃及眼镜蛇 C.豹斑陆龟 D.美洲鬣蜥

9 豹斑陆龟把卵产在哪里？（ ）

A.稀树草原湿润的泥土中 B.稀树草原烤干的泥土中

C.稀树草原干燥的草丛里 D.稀树草原湿润的草丛里

10 对于很多动物来说，有翅膀是一件多么幸福的事，捕猎和逃跑的时候都方便多了，可有一种动物，有翅膀但却更愿意步行，到底是谁这么有个性呢？（ ）

A.红嘴牛椋鸟 B.茶色蟆口鸱 C.虎皮鹦鹉 D.鹭鹰

谁能吃掉谁

热带雨林食物链大揭秘

[美]丽贝卡·霍格·沃雅恩 唐纳德·沃雅恩/著 黄缇萦/译

中信出版集团·CHINACITICPRESS·北京

图书在版编目（CIP）数据

热带雨林食物链大揭秘 / (美) 丽贝卡 · 霍格 · 沃雅恩, (美) 唐纳德 · 沃雅恩著 ; 黄缇萦译. -- 北京 :中信出版社, 2016.11
（谁能吃掉谁. 第3辑）
书名原文: A rain forest food chain
ISBN 978-7-5086-6861-1

Ⅰ. ①热… Ⅱ. ①丽… ②唐… ③黄… Ⅲ. ①热带雨林－森林动物－食物链－儿童读物 Ⅳ. ①S718.6-49

中国版本图书馆CIP数据核字(2016)第254543号

谁能吃掉谁系列丛书（第3辑）
亚马孙热带雨林食物链大揭秘

著　　者：[美] 丽贝卡 · 霍格 · 沃雅恩　唐纳德 · 沃雅恩
译　　者：黄缇萦
策划推广：北京全景地理书业有限公司
出版发行：中信出版集团股份有限公司
（北京市朝阳区惠新东街甲4号富盛大厦2座　邮编　100029）
（CITIC Publishing Group）
制　　版：北京美光设计制版有限公司
承 印 者：北京中科印刷有限公司

开　　本：889mm × 1194mm　1/16
印　　张：16
字　　数：272千字
版　　次：2016年11月第1版
印　　次：2016年11月第1次印刷
广告经营许可证：京朝工商广字第8087号
京权图字：01-2014-3240
书　　号：ISBN 978-7-5086-6861-1
定　　价：79.20 元（全四册）

服务热线：400-600-8099
投稿邮箱：author@citicpub.com

目 录

食物链大揭秘指南

热带雨林中的所有生物，对维持这个生境的健康和延续都是不可或缺的。无论是在河里游弋的水蚺，还是陆地上成群结队爬过树叶的蚂蚁，所有的生物都彼此关联。一些动物捕食其他动物，另一些动物以植物为生，植物则从阳光中获取能量，从土壤中获取养分，这就构成了一个食物链。能量在食物链中的物种之间相互传递。在每个生境中，许多食物链相互连接，最终构成了一个食物网。

食物链中的植物和动物相互依存。有时食物链会突然中断，比如有一个物种灭绝了，就会影响到食物链中的其他物种。

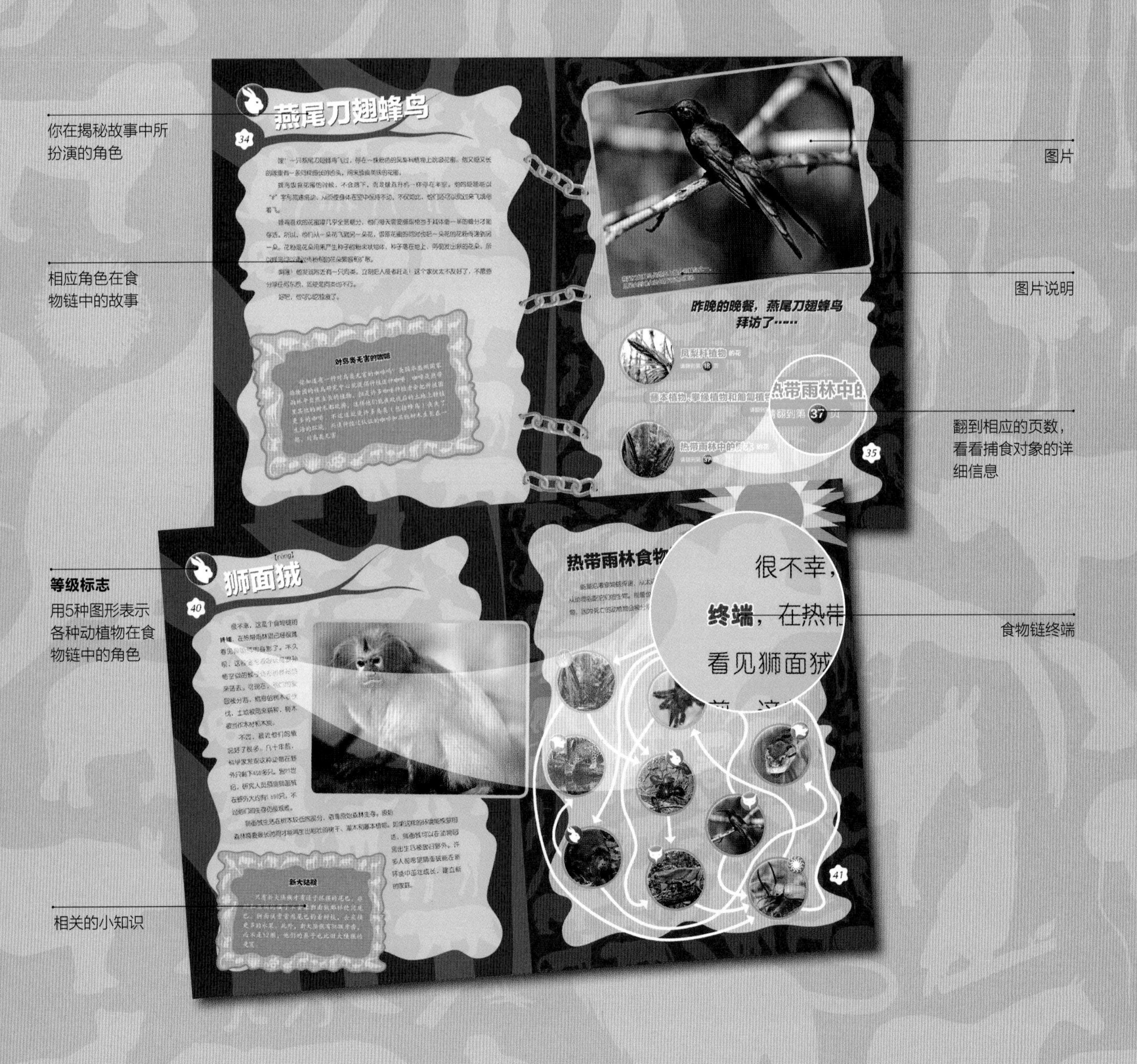

揭秘攻略

1 选择一个顶级消费者

顶级消费者

那些天敌很少，以捕食其他动物为生的动物。在食物链中，最强大的捕食者被称为顶级消费者。

次级消费者

以其他动物为食的小型动物。次级消费者被顶级消费者捕食，同时，它们也是捕食者，通常捕食食草动物。

选择一个捕食对象 2

初级消费者

以植物为食的动物。

如果你的揭秘走到了终端，请回到目录，选择另一种顶级消费者（也就是一个新的角色），开始新的揭秘吧！

3 到达生产者即为胜利

生产者

自己制造养分的生物，如植物。它们利用太阳的能量合成养分，还把营养提供给以它们为生的食草动物们。

分解者

以枯萎的植物或死亡的动物为食的生物，例如昆虫、细菌。

注意：在你的揭秘历程中，如果发现走了回头路或在意想不到的地方终止，请不要感到意外，因为这就是食物链错综复杂的特点。

特别提示

想了解更多有关亚马孙热带雨林食物链的知识，请翻到第 41 页。

新大陆

相对于非洲、亚洲和欧洲这几个旧大陆，一些人把北美洲、中美洲和南美洲叫作新大陆。生长在这里的动植物也被冠以同样的名称。比如你可能听过甚至见过新大陆猴、新大陆猫科动物、新大陆农作物等等。这种描述可以帮助人们将这些动植物和非洲、亚洲、欧洲的动植物区分开来。

欢迎来到亚马孙热带雨林

这里是热带雨林，一踏进这个地方，你就会被湿热的空气包围。浓密的绿叶和绿色藤蔓纠缠在一起，在高高的树顶上回响着各种动物的叫声，你能清晰地听见，却看不见它们。一转眼，天又下雨了……

热带雨林是地球上降雨量最大的地方，所以这里的植物长得飞快。这里的树叶、藤蔓层层叠叠，一滴雨水要花上十分钟才会落在你头顶。估计这里的雨水里会有各种植物的味道吧。但生活在热带雨林里的不仅仅有植物，地球上超过半数的动物都生活在这里。直到今天，科学家每天都会在丛林里发现新的兽类、鸟类和昆虫。

现在，你即将“走进”的这片热带雨林位于南美洲，沿世界上流域最广的河流——亚马孙河展开。

亚马孙雨林是世界上最大的热带雨林，占南美洲面积的1/3。尽管热带雨林的面积很大，但是仍然会受到威胁。每时每刻，这片热带雨林的面积都在缩小，在你看完这一页的时间里，大约相当于学校操场那么大的一块热带雨林就已经被开发成农田或盖起了房子。好吧，至少现在热带雨林还在，这里可是成千上万种特有动物的家园，快来见识见识吧。

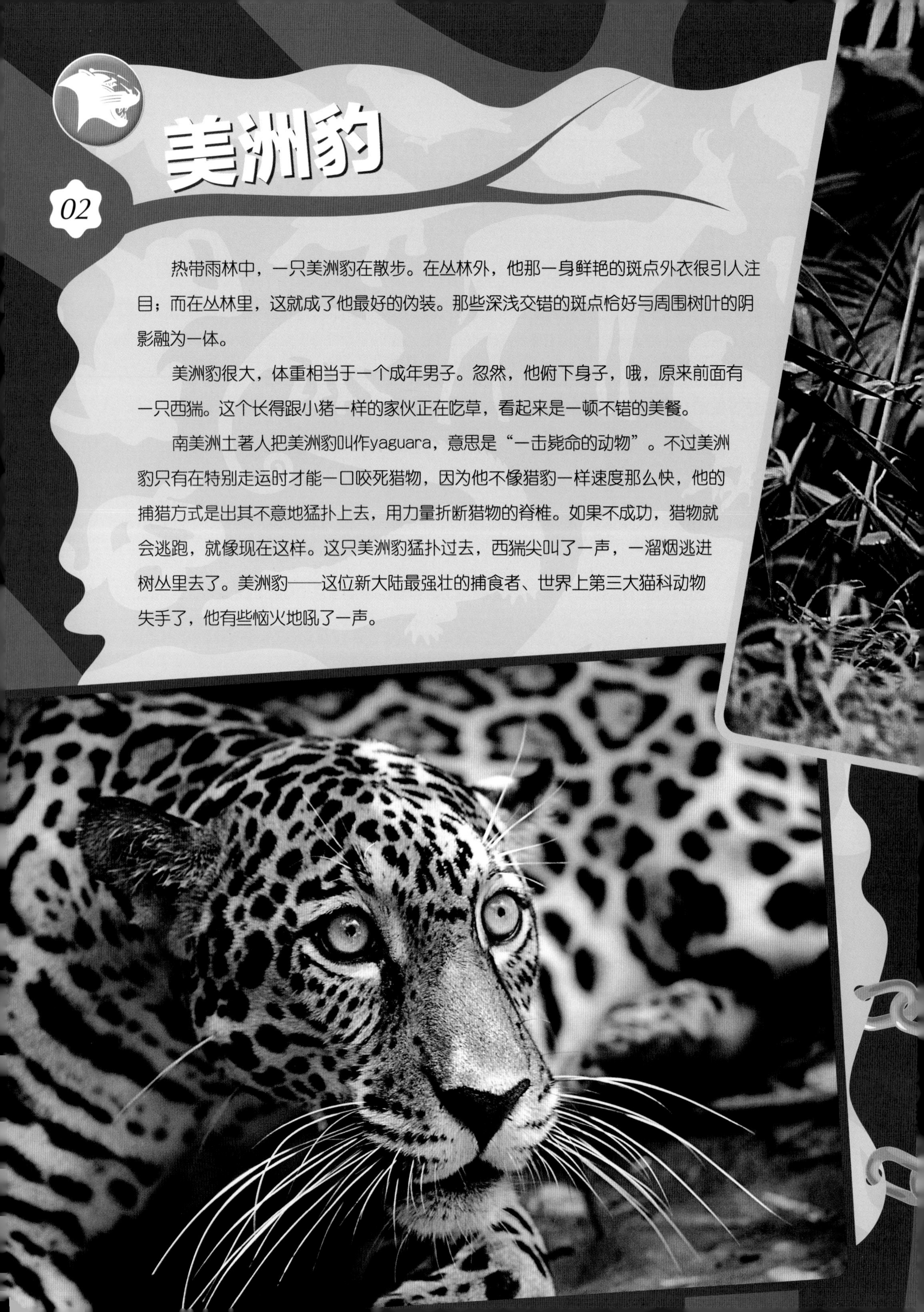

美洲豹

02

热带雨林中，一只美洲豹在散步。在丛林外，他那一身鲜艳的斑点外衣很引人注目；而在丛林里，这就成了他最好的伪装。那些深浅交错的斑点恰好与周围树叶的阴影融为一体。

美洲豹很大，体重相当于一个成年男子。忽然，他俯下身子，哦，原来前面有一只西猯。这个长得跟小猪一样的家伙正在吃草，看起来是一顿不错的美餐。

南美洲土著人把美洲豹叫作yaguara，意思是“一击毙命的动物”。不过美洲豹只有在特别走运时才能一口咬死猎物，因为他不像猎豹一样速度那么快，他的捕猎方式是出其不意地猛扑上去，用力量折断猎物的脊椎。如果不成功，猎物就会逃跑，就像现在这样。这只美洲豹猛扑过去，西猯尖叫了一声，一溜烟逃进树丛里去了。美洲豹——这位新大陆最强壮的捕食者、世界上第三大猫科动物失手了，他有些恼火地吼了一声。

绿色狩猎

不久前，人们还为获得美洲豹美丽的皮毛而猎杀它们。现在，这可是违法行为。取而代之的是，人们正在试验一种“绿色狩猎”，猎手可以付费去追踪美洲豹，并发射麻醉剂（一种使动物昏睡的药物）。等到美洲豹被麻醉，猎手就在它脖子上套一个无线电项圈。项圈能够发出无线电信号，科学家可以根据无线电信号追踪美洲豹的行动，以便加深对它们习性的了解。

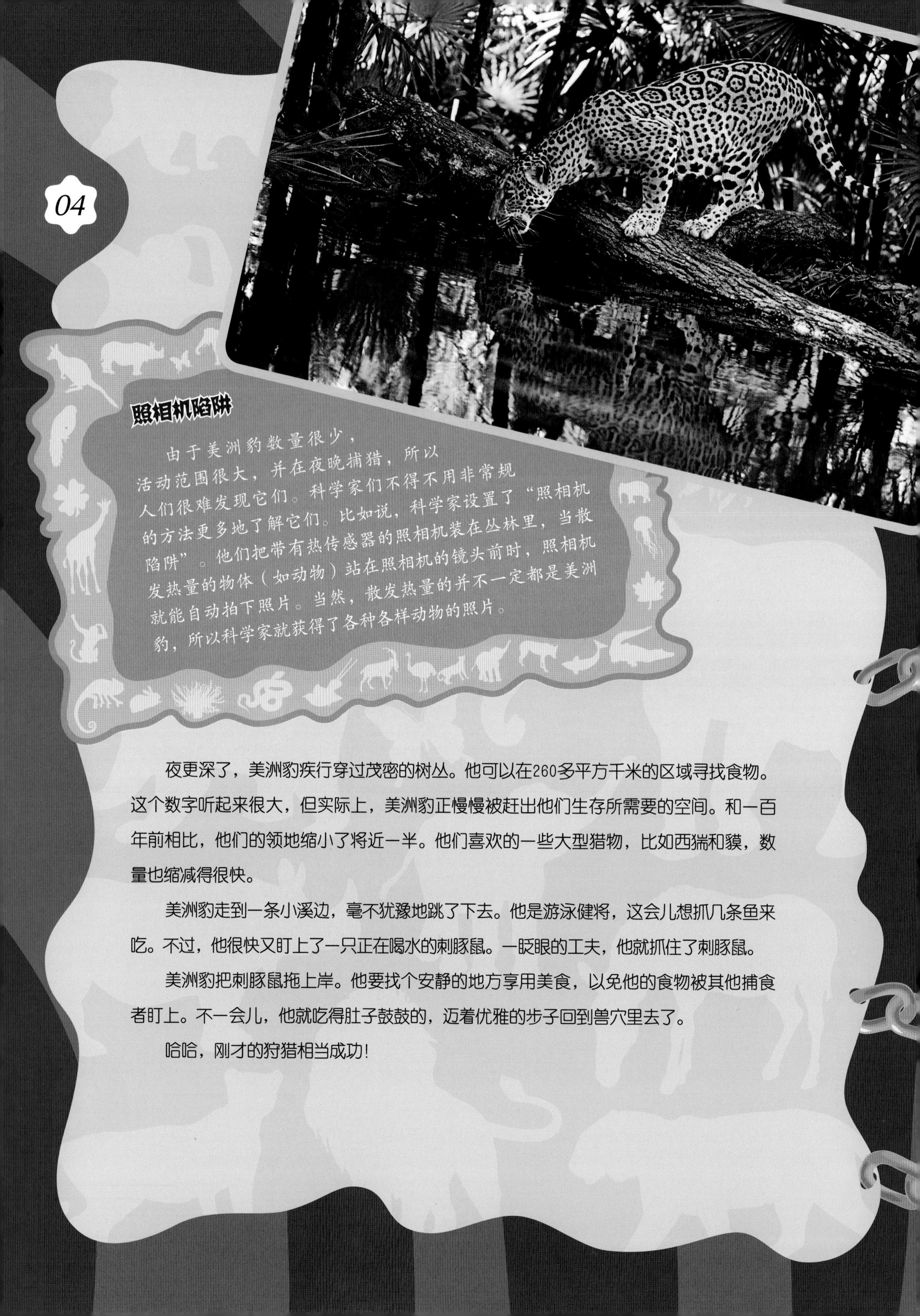

照相机陷阱

由于美洲豹数量很少，活动范围很大，并在夜晚捕猎，所以人们很难发现它们。科学家们不得不用非常规的方法更多地了解它们。比如说，科学家设置了“照相机陷阱”。他们把带有热传感器的照相机装在丛林里，当散发热量的物体（如动物）站在照相机的镜头前时，照相机就能自动拍下照片。当然，散发热量的并不一定都是美洲豹，所以科学家就获得了各种各样动物的照片。

夜更深了，美洲豹疾行穿过茂密的树丛。他可以在260多平方千米的区域寻找食物。这个数字听起来很大，但实际上，美洲豹正慢慢被赶出他们生存所需要的空间。和一百年前相比，他们的领地缩小了将近一半。他们喜欢的一些大型猎物，比如西猯和貘，数量也缩减得很快。

美洲豹走到一条小溪边，毫不犹豫地跳了下去。他是游泳健将，这会儿想抓几条鱼来吃。不过，他很快又盯上了一只正在喝水的刺豚鼠。一眨眼的工夫，他就抓住了刺豚鼠。

美洲豹把刺豚鼠拖上岸。他要找个安静的地方享用美食，以免他的食物被其他捕食者盯上。不一会儿，他就吃得肚子鼓鼓的，迈着优雅的步子回到兽穴里去了。

哈哈，刚才的狩猎相当成功！

昨晚的晚餐，美洲豹美美饱餐了一顿……

一只在河滩吃草的**巴拿马水豚**

请翻到第 6 页

一只以为没人看见他的**美洲鬣蜥**

请翻到第 12 页

一只倒挂在树枝上的**二趾树懒**

请翻到第 8 页

一只正在泥土里嗅来嗅去的**食蚁兽**

请翻到第 16 页

一只滚成了球形的**大犰狳**

请翻到第 23 页

一只正尖叫着发出警告声的**黑吼猴**

请翻到第 28 页

一只正在给自己梳毛的**狮面狨**

请翻到第 40 页

巴拿马水豚

06

一只巴拿马水豚独自在水塘边的草丛里闻闻这儿闻闻那儿。他是啮齿类动物，是老鼠和花鼠的亲戚。可实际上，他长得就像一只超大的松鼠。哦对了，松鼠有一条毛茸茸的大尾巴，可他没有。这个家伙的体长有1.2米，体重超过45千克，比大多数小朋友还重。

巴拿马水豚此刻在一棵树边上停下来，在树叶和树干上蹭来蹭去，是被蚊子叮了吗？原来，他的鼻子上长着气味腺，这么做是为了留下气味，告诉其他动物“这是我的地盘”！

在附近还有一群巴拿马水豚，他们发现了这个单独行动的陌生家伙。水豚群的首领认为这哥们儿不属于他们，于是向陌生水豚发起挑战。几个回合以后，新来的认输了……首领回到群体中间，这个位置最安全，也能得到最好的食物。新来的那位就小心翼翼地待在水豚群的边缘。

忽然，另一边的水豚高声尖叫起来。美洲豹来了！大家急忙跳进旁边的水塘，躲在岸边的水草里，只把眼睛、耳朵和鼻子露出水面。水豚在水里行动自如，他们用有蹼的脚游泳，而且能在水下屏住呼吸。

还好，美洲豹渐渐走远了，水豚们开始爬出水塘吃草。巴拿马水豚很挑食，只吃少数几种植物，而这些植物也因为水豚的啃食而长得更快。

来看看他们喜欢吃什么吧……

昨晚的晚餐，他们吃了……

凤梨科植物的叶子

请翻到第 18 页

热带雨林中的树木的叶子

请翻到第 37 页

藤本植物、攀缘植物和匍匐植物的叶子

请翻到第 44 页

二趾树懒

08

这家伙又在那儿倒挂着睡着了，大概是一边睡觉一边在等待着什么。慢慢的，他转过头，攀上了另外一根树枝，伸出舌头把叶子一片片扯下来。然后，继续倒挂、睡觉、等待。

你可能会奇怪，树懒为什么动作这么慢呢？这是因为他们的身体构造已经随着时间的推移而适应了吃树叶的习惯。大多数只吃植物的动物需要不停地吃，以取得生存必需的能量。树懒不用吃那么多，作为交换，他们就没那么多能量活动。树懒的体温很低，这也能节省能量，再加上一动不动，因此可称得上标准的节能动物。

这只树懒已经倒挂在树枝上好几天了。他老是这么挂着，连毛都是倒过来长的——从肚子长到背上。树懒的爪子很长，挂在树上这种事对他来说简直轻而易举。他的倒挂本事也非常惊人，这么说吧，就算他在倒挂过程中死亡了，都能保持这个姿势好几天。

这家伙几乎不下地，因为他的食物都在树上，而且从树叶中也能获得水分。树懒只有在排泄时才需要下地，但他居然能忍住一周的时间不排泄，厉害吧？

因为不用跑来跑去，他的后腿很纤弱，几乎不能支撑行走。必要的时候，他只能用两条前腿缓慢而吃力地步行，这样一来速度就更慢了。

绿色皮毛

树懒本身就能构成一片栖息地。有那一身浅绿色皮毛，它们根本不用谋生。那绿色的东西，是长在毛上的藻类，一种微小生物，这让它们与环境完美融合。如果树懒不动——其实它们多数时候就是一动不动，你几乎不可能发现它们。有时，它们还会把毛上的藻类当点心吃掉。藻类不是它们皮毛上唯一生长的生物，飞蛾也生活在这儿，这里是昆虫完美的栖息地，食物丰富，也很安全，不会被鸟类发现。

好不容易睡醒了，吃点东西吧。他吃了……

热带雨林中的树木，比如巴西果的叶子

请翻到第  37 页

凤梨科植物的叶子

请翻到第 18 页

藤本植物、攀缘植物和匍匐植物的叶子

请翻到第  44 页

10

蚁䳭【jú】

小心！一大群小鸟从你头顶飞过去了，足足有40只。他们的种类多得让人眼花缭乱，单说这一群就有20多种。大多数鸟类只和同类一起活动，但蚁䳭是很多种混在一起飞行。太能给科学家们添乱了……

实际上，科学家隔三差五就会发现一种新的蚁鸡，目前已经有200多种了。许多蚁鵙只生活在热带雨林的特定区域或某类植物附近。

一些蚁鵙跟随布氏游蚁群深入丛林。他们不吃布氏游蚁，而是等着布氏游蚁把螽斯、蟋蟀、甲虫、蜘蛛和蝎子从枯叶下面赶出来，然后像吃自助餐一样飞过去任意挑选。他们甚至能在垂直的木棍上保持平衡，在那儿可以吃到昆虫，还能避免被布氏游蚁攻击。一群布氏游蚁能吃掉他们遇到的一切东西，蚁鵙可不想成为他们的美餐。

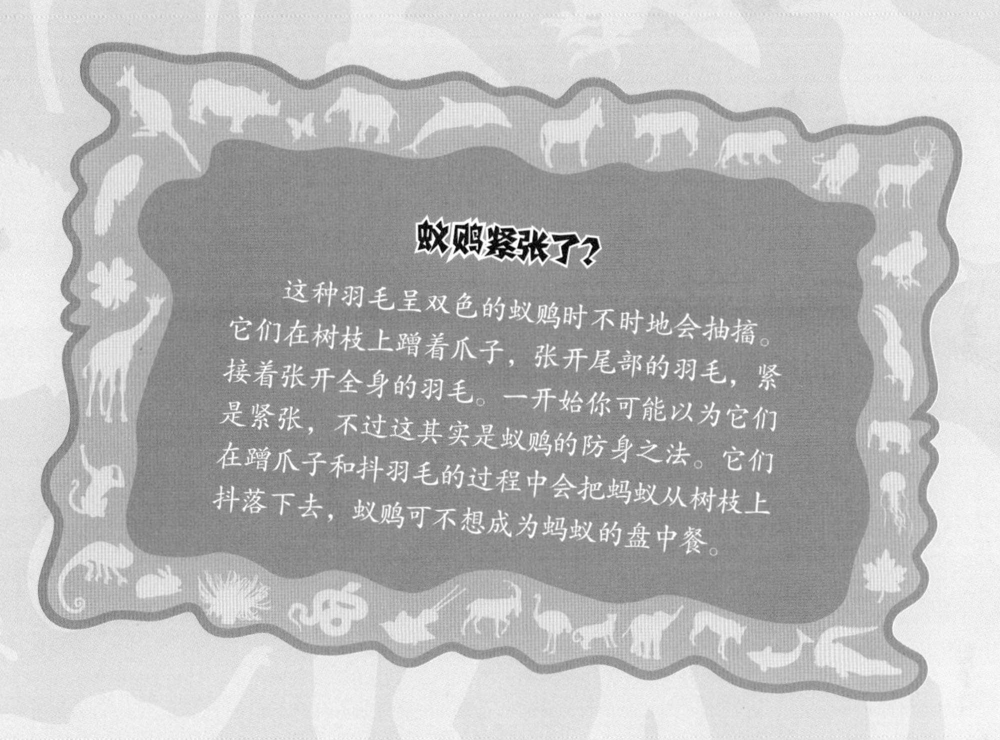

蚁鵙紧张了？

这种羽毛呈双色的蚁鵙时不时地会抽搐。它们在树枝上蹭着爪子，张开尾部的羽毛，紧接着张开全身的羽毛。一开始你可能以为它们是紧张，不过这其实是蚁鵙的防身之法。它们在蹭爪子和抖羽毛的过程中会把蚂蚁从树枝上抖落下去，蚁鵙可不想成为蚂蚁的盘中餐。

今天的自助餐只有两样，不过蚁鵙吃饱还是没问题的。他们吃了……

一只蹲伏着等待猎物的小**圭亚那粉趾**

请翻到第14页

一只正在用鼻子拱枯叶的**犀角金龟**

请翻到第46页

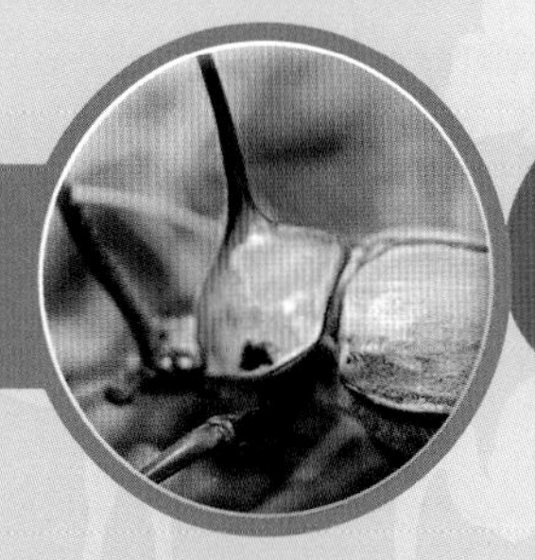

美洲鬣【liè】蜥

咂咂咂，美洲鬣蜥一边在木棉树枝上晒着日光浴，一边吐舌头玩儿。玩儿？他们跟你可不一样，吐舌头是为了搜集空气中的气味。舌头把气味传送到他的犁鼻器，这一器官位于他的口腔上部，与大脑相连，能帮助他辨别食物、水源和威胁。

美洲鬣蜥用长爪子抓住树枝，用比他身体还长的尾巴保持平衡。当他受到威胁时，这条长尾巴会派上用场，他会像甩鞭子一样啪啪啪地甩尾巴。

鬣蜥的头部不仅有犁鼻器，还有第三只眼睛，这两样都是奇特的器官。我们从外表上看不到他的第三只眼睛，它长在鬣蜥的头顶上，隐藏在皮肤下。科学家认为鬣蜥用它感知光线的明暗，这是很重要的能力，他需要吸取太阳的热量，否则就会被冻死。一天中绝大部分时间鬣蜥都躲在树上，只在觅食和交配时才从树上下来。

美洲鬣蜥有麻烦了

和很多动物一样，美洲鬣蜥最大的危险来自于人类。人类破坏热带雨林中的植物，鬣蜥的栖息地消失了。人类还把它们抓来吃，只因为鬣蜥又被叫作"gallina de palo"，意为"树上的鸡"。还有人把它们抓来卖到宠物店，许多鬣蜥因此丧生。如果你也想养一只鬣蜥或其他热带雨林动物当宠物，先确定其是不是从野外偷猎到的吧。

刚刚他就下来了，还找到了不少好吃的，如……

一两只路过的**白蚁**

请翻到第36页

一只在啄食水果的**麝雉**

请翻到第50页

藤本植物、攀缘植物和匍匐植物的叶子

请翻到第44页

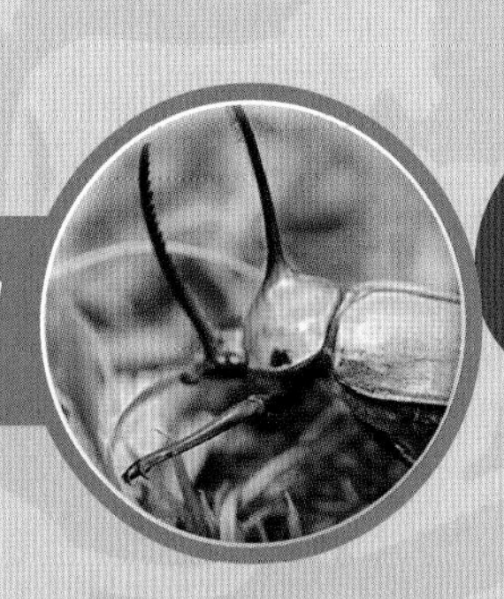

一只**犀角金龟**

请翻到第46页

圭亚那粉趾

你应该想不到，如此可爱的名字，拥有者竟是一只蜘蛛，而且是一只涂了粉色“指甲油”的蜘蛛。现在，他正躲在石头的边缘下，等到夜晚降临才出来捕猎。圭亚那粉趾有八只眼睛，不过都很小，也不太好用。其实蜘蛛不需要眼睛，因为他的八条足上都长着刚毛，还长着黏毛构成的爪垫，这些毛能感知震动。有了这种本领，蜘蛛在黑暗中也能畅行无阻。

圭亚那粉趾这会儿可不是在捕猎，他在干另一件重要的事。他的心跳加快，开始在地上打滚。忽然，他的外骨骼裂开了，随着他的扭动，裂口越来越大。慢慢地，他把粉色的足一条一条从旧的外骨骼中抽出来。

他在蜕皮，不过换上的可不仅仅是一层新的外骨骼，他的胃部和肺部都换上了一层新的内膜，如果他的足受过伤，过去断了的地方也会长出新的。雄性圭亚那粉趾只有在完全成熟后才会蜕皮，雌性则一生都会蜕皮。

蜘蛛换了新衣服之后，要休息几天，等待新的外骨骼变硬。

剧毒杀手

圭亚那粉趾攻击猎物时，会把毒牙刺入猎物。毒牙中含有毒液，毒液会使猎物麻痹。接着蜘蛛用较短的须肢夹住猎物，并把从胃部分泌出的特殊液体注入猎物体内。这种化学物质溶解力很强，能把猎物内部变成胶状。然后，只要吸就行了。等蜘蛛把胶状物吸完，就会把外骨骼丢在原地。对于热带雨林中的很多动物来说，圭亚那粉趾很危险，不过它们不常伤人。

好在他几天前吃了……

一只在布氏游蚁后面收拾残局的**蚁鸮**

请翻到第 10 页

一只在夜晚躲在树枝下的**美洲鬣蜥**

请翻到第 12 页

一只在树叶上休息的**双色雨蛙**

请翻到第 48 页

一只从窝里掉出来的**麝雉**雏鸡

请翻到第 50 页

一只**燕尾刀翅蜂鸟**

请翻到第 34 页

一只在树叶间爬行的**犀角金龟**

请翻到第 46 页

食蚁兽

这只食蚁兽正用两只15厘米长的爪子奋力地在地面上挖洞。啊哈，有蚂蚁！他把长吻伸到土洞里，把挖出来的蚂蚁舔光。

他的身体构造最适合干这项工作了。他的嘴又细又长，只有你的小拇指那么宽，里面能伸出一条奇特的舌头，约有60厘米长，同时舔食速度也很快，一分钟内可舔食超过150次。食蚁兽舌头表面富有黏性，能粘住成百上千只蚂蚁。食蚁兽没有牙齿，他用骨质的口腔上部把蚂蚁磨碎，然后吞下肚子。粗糙的胃壁能够帮助进一步研磨并消化食物。

虽然这里食物很丰富，但他不会留在这里不动，吃了几分钟就走开了。如果还停留在原地的话，蚂蚁该有时间反击了。

食蚁兽没有固定的巢穴，他的时间都花在走路和吃东西上了。这家伙有39千克重，跟一只大狗差不多，所以他需要吃很多蚂蚁，大概一天得吃3万只蚂蚁才能吃饱吧。好在热带雨林里的动物种类非常丰富，一棵树上的蚂蚁就可能超过50种，足够他吃的。

长爪子

食蚁兽的长爪子十分适于挖掘，同时也是有利的武器。食蚁兽受到捕食者袭击时，会用后肢站起来，挥舞前爪反击。它们会试图抱住袭击者，然后把爪子刺进袭击者的身体。捕食者必须小心谨慎，否则很容易丢掉性命。食蚁兽的爪子很长，在走路时要用手掌的侧面，以免长爪子扎进树枝和植物根里拔不出来。

昨晚的食蚁兽就饱餐了一顿……

把叶子带回给蚁后的 切叶蚁
请翻到第 24 页

成群结队地穿过丛林的 布氏游蚁
请翻到第 52 页

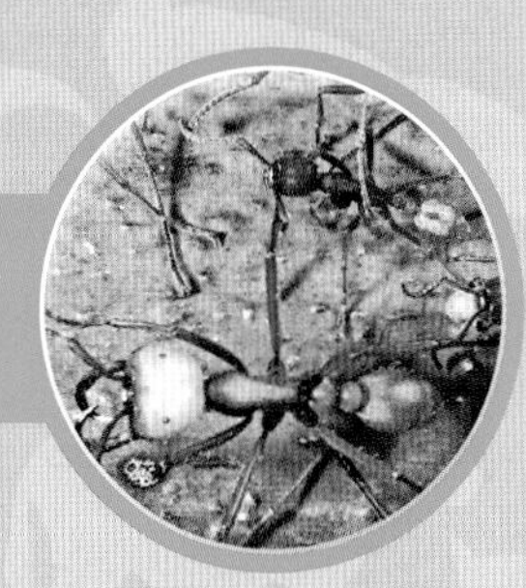

白蚁
请翻到第 36 页

凤梨科植物

凤梨科植物的叶子茂密重叠，覆盖着一个独特的小世界。蜗牛在叶子里找点心，昆虫躲在叶片间，青蛙在这边产卵，蜥蜴在那边打瞌睡。凤梨科植物通常都长在地面上，不过在热带雨林里，大多数长在树上。

像凤梨科植物这样生长在其他植物上的植物叫作附生植物。不过凤梨科植物并不是吸血鬼，不依靠附生的植物获得养分，而只是把树木作为支撑。凤梨科植物通过坚硬蜡质的叶子汲取水和养分。如果你凑近些看，会发现那些叶子上长满了特殊的绒毛，这些绒毛就是用来吸收水和养分的。

多数凤梨科植物的花朵都很大、很鲜艳。这样的花朵可以吸引鸟类、蝙蝠和昆虫，而这些动物的拜访能帮助植物传粉。不过每株凤梨科植物都只开一朵花，花枯萎后会长出新芽，新芽借助腐烂的母体植物生长，直到长到足够大能够独立生存。

一种著名的凤梨科植物

你可能不常听说凤梨科植物这个词，不过你肯定吃过菠萝——这是一种最著名的凤梨科植物。1494年，哥伦布第一次把菠萝从新大陆带回欧洲。菠萝在欧洲产生了巨大的轰动，欧洲人爱上了这种天然甜品。

很快，这种普通的丛林凤梨科植物就在王室和富人中流行开来。菠萝很美味，但数量很少，所以只在重要晚宴上才能吃到。一段时间之后，菠萝在欧洲和美洲殖民地变得常见起来，越来越多的人能在宴会上用它来款待客人。此后，菠萝就成了热情好客的代名词，“甜甜地”欢迎着客人的到来。

两株凤梨科植物长在树枝上

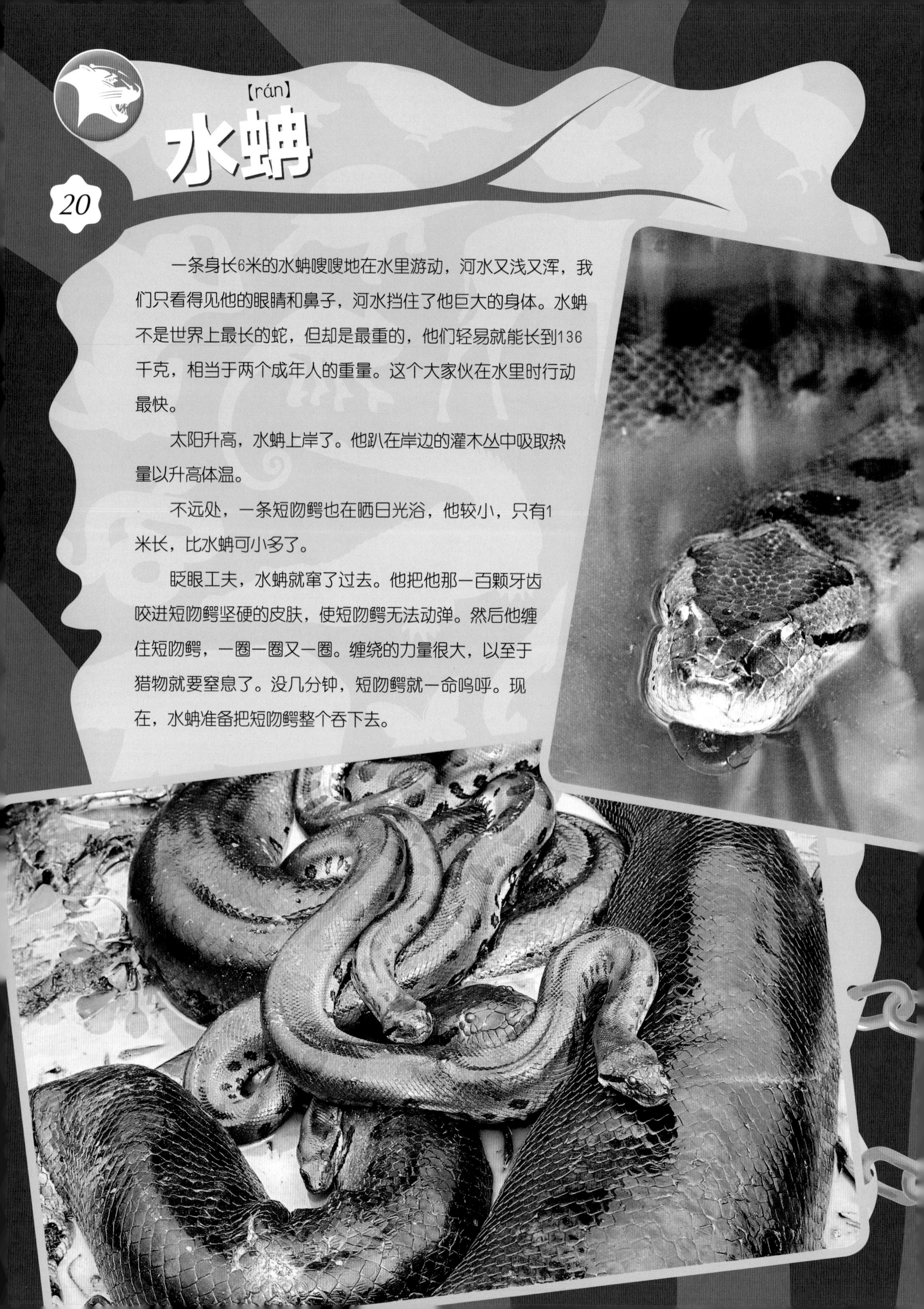

水蚺

【rán】

一条身长6米的水蚺嗖嗖地在水里游动，河水又浅又浑，我们只看得见他的眼睛和鼻子，河水挡住了他巨大的身体。水蚺不是世界上最长的蛇，但却是最重的，他们轻易就能长到136千克，相当于两个成年人的重量。这个大家伙在水里时行动最快。

太阳升高，水蚺上岸了。他趴在岸边的灌木丛中吸取热量以升高体温。

不远处，一条短吻鳄也在晒日光浴，他较小，只有1米长，比水蚺可小多了。

眨眼工夫，水蚺就窜了过去。他把他那一百颗牙齿咬进短吻鳄坚硬的皮肤，使短吻鳄无法动弹。然后他缠住短吻鳄，一圈一圈又一圈。缠绕的力量很大，以至于猎物就要窒息了。没几分钟，短吻鳄就一命呜呼。现在，水蚺准备把短吻鳄整个吞下去。

水蚺松开身体准备开饭。他看起来好像不可能把短吻鳄吞下去，不过，连接上下颚的特殊肌肉可以使他分开上下颚，把巨大的食物吞下去。

水蚺先吞下短吻鳄的头，然后短吻鳄的四条腿会收起来紧贴着身体，这样吞下去时就不会刺到自己。水蚺喉部的肌肉像波浪一样起伏，继续把猎物的身体吞进去。他用口腔底部的气管呼吸。虽然这是一个缓慢的过程，但短吻鳄还是一寸一寸地进了他的肚子。水蚺必须赶在短吻鳄的身体开始腐败分解前将其全部吞下去，如果吞到一半的肉开始腐烂，就会卡在口腔里，他就有生命危险了。

在水蚺体内能分泌一种消化能力很强的化学物质，用来消化短吻鳄。水蚺不能消化毛发和牙齿，但可以消化其他坚硬的东西，比如骨头和喙。接下来就是时间问题了，在未来的几个星期里，水蚺鼓鼓的肚子会渐渐变小，他有好几个月不用吃东西了。

小水蚺

水蚺交配时，1条雌性和12条雄性互相紧紧纠缠在一起，抱成一团。雄性水蚺一个接一个与雌性交配，它们要这样交缠长达2~4周。

每次交配后，雌性水蚺会产下100条小水蚺。鸟类和蜥蜴早已迫不及待地等待着这个时刻的到来，小水蚺一出生就会被叼走吃掉。只有极其少数的小水蚺能存活并长大。

上一顿，水蚺吃了……

一只在河里游泳的**巴拿马水豚**

请翻到第 6 页

一只正在爬树的**二趾树懒**

请翻到第 8 页

一只在晒日光浴的**美洲鬣蜥**

请翻到第 12 页

一只在树枝上打瞌睡的**黑吼猴**

请翻到第 28 页

一只正在吃水果的**狮面狨**

请翻到第 40 页

一只在地面拍打翅膀的**麝雉**

请翻到第 50 页

一只在舔食蚂蚁的**食蚁兽**幼崽

请翻到第 16 页

大犰（qiú）狳（yú）

啊哦，这是一个食物链的**终端**。大犰狳在地球上存在了至少200万年，但是现在他们濒临灭绝了，你看他的样子是不是很孤独？

大犰狳有一身超大的盔甲，盔甲是骨质的，覆盖着全身——除了肚子和鼻尖。他坚硬的盔甲让许多捕食者望而却步，因为根本咬不透也抓不透。但人类破坏了他们的部分栖息地，还过度猎杀大犰狳。

农民认为犰狳掘土会毁坏庄稼，可实际上这对庄稼是有益的。大犰狳在控制切叶蚁的数量上发挥着重要作用。如果没有大犰狳，切叶蚁真的要把农作物啃光了。

犰狳和药物

犰狳是除人类外唯一一种会感染麻风病的动物。科学家利用犰狳来研究这种疾病，希望在人类身上治愈这种疾病。也许热带雨林中很多其他的动植物也会对人类有帮助，但是热带雨林被破坏的速度太快了，使得许多物种在科学家进行研究之前就已经灭绝了。没有人知道我们已经毁掉了多少珍贵的东西。

切叶蚁

那是什么？那些树叶居然会走路？走近看一下，原来每片叶子下面都有一只蚂蚁，他们叫作切叶蚁，确切地说是中等体型的切叶蚁。他们成群结队地在粗大的树干和树枝上跋涉，把比自己身体还大的树叶咬下来，然后把叶子像船帆一样顶在头上，这要保持平衡还不容易呢。他们把树叶拖回地下的巢穴，这相当于你每吃一顿饭要走几千米一样。

在巢穴里，最小的切叶蚁会接手下面的工作。他们把树叶带到地下深处，把树叶咬碎，然后与粪便混合起来。很快，一种特殊的真菌就会从混合物中长出来。这种真菌是切叶蚁唯一的食物，没有树叶长不出来。

蚁后住在地下巢穴里，她建立了这个蚁群，所有的卵都是她产下的。一个蚁群中的蚂蚁数量可达500多万只。如果一个切叶蚁群集体出动，一只蚂蚁一次背一片树叶，可以在几个小时内把一棵大树啃光。

昨晚，切叶蚁切下的叶子来自……

凤梨科植物
请翻到第18页

热带雨林中的树木，比如一棵可可树
请翻到第37页

木质的攀缘植物和藤本植物
请翻到第44页

兵蚁

切叶蚁群中还有兵蚁，负责探查所有危险，比如寄生蜂。寄生蜂飞行时不会发出嗡嗡声，还会像你熟悉的蚊子一样叮你。但可怕的是，它们会把刺刺进工蚁的脑袋里产卵。工蚁啃咬树叶的时候，兵蚁会趴在树叶上，保护工蚁工作。

真菌和其他分解者

热带雨林地面上的生命变化非常快。在北方的森林中，死去的动物需要好几个月才会分解完毕，但在热带雨林中，动物尸体在6个星期内就会被丛林完全吸收。

丛林中的潮湿和高温固然能加速死亡动植物的腐烂，不过，热带雨林地面上的那些各种各样的分解者也起了重要作用，比如真菌、蠕虫、昆虫和其他分解者。这些分解者可以迅速分解动物粪便、枯叶、掉落的树枝和尸体，使它们成为养分进入土壤从而循环再利用。热带雨林中的植物就以这些养分为生，这些养分对植物很有帮助，因为热带雨林的土壤本身养分含量很少。

昨晚，分解者分解了……

一只**美洲豹**的尸体

请翻到第 2 页

一只**角雕**的尸体

请翻到第 30 页

凤梨科植物，比如一朵掉落的凤梨花

请翻到第 18 页

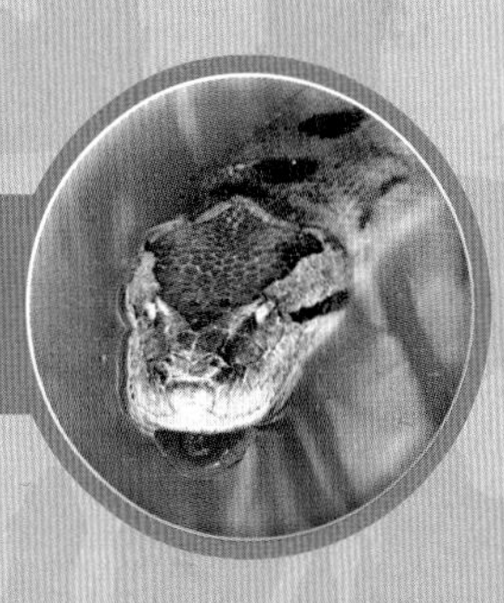

一条**水蚺**的尸体

请翻到第 20 页

一只**大犰狳**的尸体

请翻到第 23 页

一只**食蚁兽**的尸体

请翻到第 16 页

热带雨林中的树木，比如可可树的果实

请翻到第 37 页

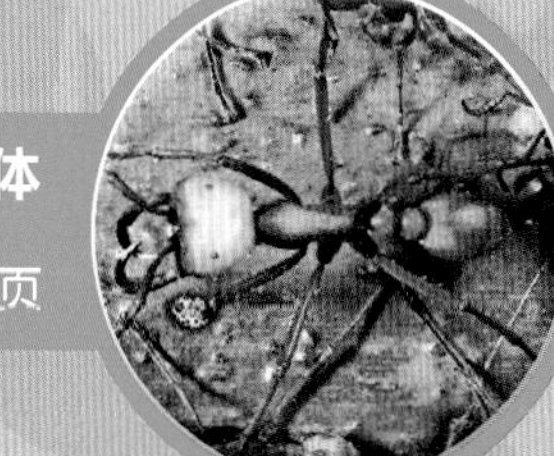

布氏游蚁的残体

请翻到第 52 页

黑吼猴

嗷！嗷！黑吼猴的叫声在丛林中回响，又一只猴子加入了猴群的吼叫大合唱。黑吼猴的叫声非常响亮，夹杂着怒吼声、呱呱声和尖叫声。之所以能叫得这么响亮，是因为他们有发达的颌部、脖子和声带。黑吼猴是新大陆叫声最大的动物，他们的叫声在5千米外都能听得到，你弟弟妹妹哭闹的叫声绝对比不过他们。而且只要有其他黑吼猴在附近，他们就会发出吼叫作为回应。

黑吼猴一天中有近19个小时是在休息，尽管如此，猴群还是会移动，寻找新鲜的树叶。大多数猴子会吃些肉和昆虫，不过黑吼猴只吃树叶，他们是严格的素食主义者。

黑吼猴利用他们善于抓握的尾巴在树枝间荡来荡去，尾巴就犹如他们的第三只手。由于尾巴梢上没有毛，所以黑吼猴在抓握时的触觉很灵敏。

猴子的交谈

有时候不禁纳闷，黑吼猴们叫得那么大声，难道不觉得累？其实，这是为了保卫它们的领地。猴群生活和活动的区域面积有学校的操场那么大，有时候猴群会因抢夺领地而开战。每天清晨和傍晚，猴群都要大吼着和其他猴群沟通。人们还发现，如果一群黑吼猴生活的环境中没有其他猴群（比如在动物园里），猴子们也就不吼了。所以饲养员们就在远处播放录音，看吧，黑吼猴们又开始吼了——就好像回到了野外一样。

猴群中的雌性很容易分辨。她们比雄性小很多，长着棕色的毛而不是黑色的。雌猴们共同养育猴群中的小猴子。有时，成年雄猴也会帮忙。不过，年幼的雄猴可从来不插手这事儿，不但不帮忙，有时还会杀死小猴子。

听，黑吼猴们又开始在树顶上吼叫了。

昨晚的晚餐，他们吃了……

热带雨林中的树木的叶子，比如炮弹树叶

请翻到第 37 页

藤本植物、攀缘植物和匍匐植物，比如绞杀榕树叶

请翻到第 44 页

凤梨科植物的叶子

请翻到第 18 页

角雕

一只角雕栖息在木棉树顶端，她已经待了将近4个小时，不过她可不是在休息。北美鹰喜欢翱翔在上空，巡视是否有猎物出现；而角雕更喜欢在捕猎的时候观察和倾听，她十分擅长这个。她敏锐的目光和圆盘一样的脸可以帮助她捕捉声响，在200米左右开外她都能看见一只微小的蝴蝶。

最终，她发现了目标，并张开长而有力的翅膀俯冲下去。角雕高速俯冲，速度达到了每小时80千米，相当于公路上车辆的行驶速度。快接近地面时，她张开尖利的爪子，从猴群中抓起一只猴子。她的爪子比熊掌还大，一下子抓碎了猴子的脑袋，猎物当场毙命。

猴子太重了，角雕抓着猴子飞到附近的一根树枝上，先吃掉几口，负重减轻了一些，才带着猎物动身飞回到木棉树上。

角雕拍打着翅膀，能够近乎垂直地向上飞行，这在树木茂密的丛林是很有用的。她居住的那棵木棉树有20层楼那么高，穿出冠层，超越了热带雨林中的其他树木，是附近最高的树木。在树顶的角雕巢里，雏鸟和她的配偶在等待着她。

鹰身女妖——哈比

角雕得名于希腊神话中的鹰身女妖——哈比。在神话中，她们长着女人的脸和鹰的身体，负责把死者带入冥府——死者的世界。艺术家们在设计《哈利·波特》系列电影中神秘凤凰的形象时也参考了角雕猫头鹰似的脸和长满羽毛的脑袋。

角雕的翼展（从展开双翼的一端到另一端的距离）很长，平均翼展为2米

角雕的巢用树枝搭成，里面的空间足够容纳这一家三口，即使他们想在里面做些伸展运动也没问题。角雕夫妻从猎物身上撕下一条肉，喂给两个月大的雏鸟。

和大多数新孵出的雏鸟一样，这只雏鸟是这几个月里角雕夫妻生活的全部。角雕每2～3年产一次卵，这只雌角雕就在4个月前产下了两枚卵。她和配偶能够为这些卵保温两个月，但是第一枚卵孵化后，他们就不再理会另一枚了，让他自生自灭。从那时起，夫妻俩就轮流喂养这唯一的一只雏鸟。

雄性角雕比雌性小很多，所以捕捉的猎物自然也就小得多——只能抓一些啮齿类动物和蜥蜴，而雌鸟则可以捕捉较大的猎物。他们合作捕猎，确保他们的家庭有大大小小各种各样的食物。

昨晚，角雕一家吃了……

一只在群体边缘的**巴拿马水豚**

请翻到第 6 页

一只来不及逃跑的**二趾树懒**

请翻到第 8 页

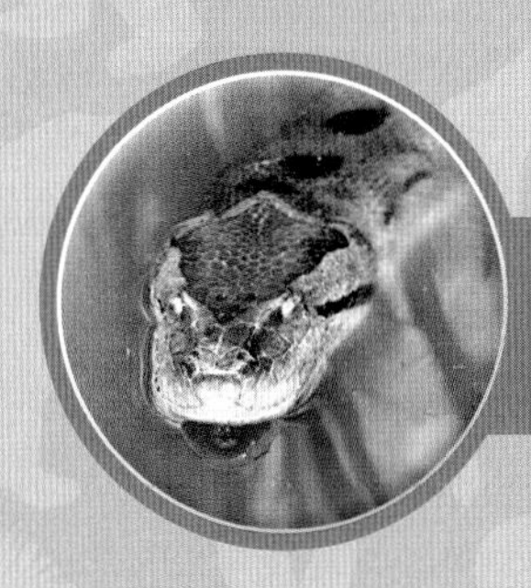

一条绕在树上的新生**水蚺**

请翻到第 20 页

一只在树冠上休息的**黑吼猴**

请翻到第 28 页

一只在召唤配偶的**狮面狨**

请翻到第 40 页

一条伸直身子趴在嫩枝上的**睫角棕榈蝮**

请翻到第 42 页

一只正穿过丛林空地的**大犰狳**幼崽

请翻到第 23 页

燕尾刀翅蜂鸟

嗖！一只燕尾刀翅蜂鸟飞过，停在一株粉色的凤梨科植物上吮吸花蜜。他又细又长的喙里有一条同样细长的舌头，用来舔食美味的花蜜。

蜂鸟吸食花蜜的时候，不会落下，而是像直升机一样停在半空。他的翅膀能以“8”字形高速扇动，从而使身体在空中保持不动。不仅如此，他们还可以侧过来飞或倒着飞。

蜂鸟喜欢的花蜜里几乎全是糖分，他们每天需要摄取相当于其体重一半的糖分才能存活。所以，他们从一朵花飞到另一朵花，吸取花蜜的同时也把一朵花的花粉传递到另一朵。花粉是花朵用来产生种子的粉末状物体，种子落在地上，再萌发出新的花朵，所以蜂鸟可以通过传粉帮助花朵繁盛和扩散。

啊哦！他发现附近有一只同类。立刻把入侵者赶走！这个家伙太不友好了，不愿意分享任何东西，即使是同类也不行。

好吧，他可以吃独食了。

对鸟类无害的咖啡

你知道有一种对鸟类无害的咖啡吗？美国华盛顿国家动物园的候鸟研究中心就提倡种植这种咖啡。咖啡是热带雨林中自然生长的植物，但是许多咖啡种植者会把种植园里其他的树木都砍掉，这样他们能在砍伐后的土地上种植更多的咖啡。不过这就使许多鸟类（包括蜂鸟）丧失了生活的环境。而这种经过认证的咖啡和其他树木生长在一起，对鸟类无害。

燕尾刀翅蜂鸟是世界上最大的蜂鸟之一，从尾尖到喙尖的长度可达15厘米

昨晚的晚餐，燕尾刀翅蜂鸟拜访了……

凤梨科植物的花

请翻到第18页

藤本植物、攀缘植物和匍匐植物的花

请翻到第44页

热带雨林中的树木的花

请翻到第37页

白蚁

这只白蚁正在一根碎木上爬上爬下，爬进爬出。许多人都喜欢把他跟蚂蚁作比较，谁让他俩长那么像，还都是集群生活呢。不过如果仔细看的话，白蚁的足比蚂蚁短得多，体形更胖，爬行速度也慢得多。

实际上，白蚁和蚂蚁根本没有亲缘关系。他们和蟑螂的亲缘关系最近，都属于食碎屑者。白蚁的上下颚像小锯子，能够把掉落的树枝切成一段一段。白蚁喜欢吃木头里的纤维，通过切割木头，白蚁能促进木头分解和森林资源的循环利用，这样新生的植物就得以更好地生长了。

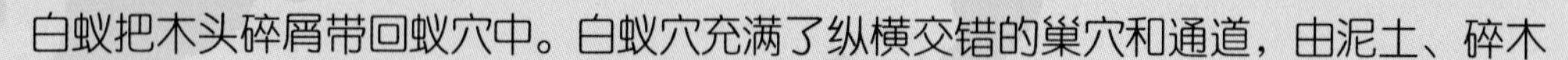

白蚁把木头碎屑带回蚁穴中。白蚁穴充满了纵横交错的巢穴和通道，由泥土、碎木头、唾液和粪便筑成。有些蚁穴十分坚固，连推土机都推不动。

白蚁对活着的植物没有兴趣，所以热带雨林中的树木是安全的。不过如果他们生活在人类附近，就会成为一个大麻烦。他们会啃咬墙里的木头，严重的会破坏房屋和其他建筑物。

白蚁能源

科学家史蒂文认为，我们也许可以研究出如何利用白蚁制造没有污染的能源。白蚁内脏中有一种能把纤维素转化为乙醇的细菌。乙醇俗称酒精，是我们已经在使用的一种清洁燃料，是利用玉米制造的，这就意味着人们可以食用的玉米减少了。如果了解了白蚁体内的细菌如何把纤维素转化为乙醇，我们就能制造出既没有污染，也不会消耗粮食作物的燃料。

昨晚的晚餐，白蚁咀嚼了……

热带雨林中的树木，木头、木头还是木头

请翻到第37页

热带雨林中的树木

树木绝对是热带雨林的“绿色宝藏”。你能在0.4公顷的热带雨林中，发现上百种不同的树木；而在北方的森林中，通常只能找到十几种。

热带雨林茂密的冠层由巨大的树叶组成。每片树叶都努力长得比其他树叶大，这样就可以获取更多的阳光。高大的树木蹿出冠层，形成露生层。

热带雨林中的所有生物都要依靠树木生存。茂密的树叶吸取雨水，同时让水分返回森林，返回的水分向上蒸腾形成积雨云，雨水就是这样不断循环。但是砍伐树木会导致水分流失，陆地会变得干旱。

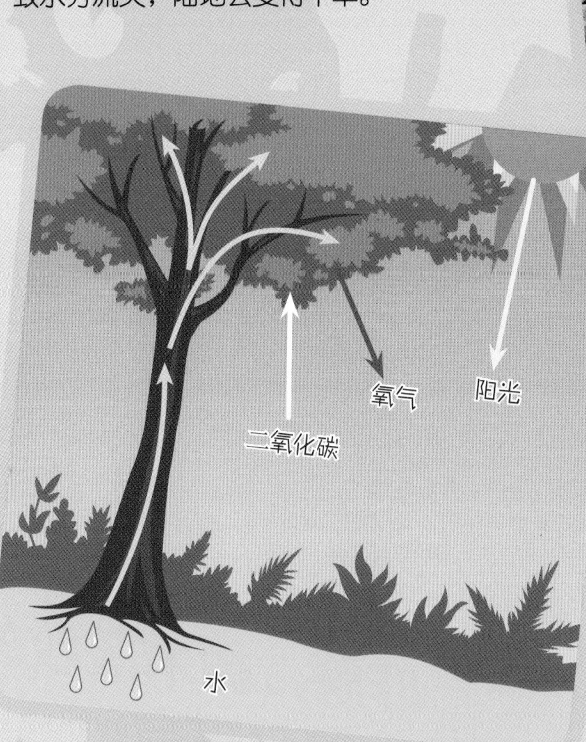

光合作用

植物通过光合作用制造食物和氧气。植物吸收二氧化碳和水，利用来自阳光的能量把它们转化为自己的食物。

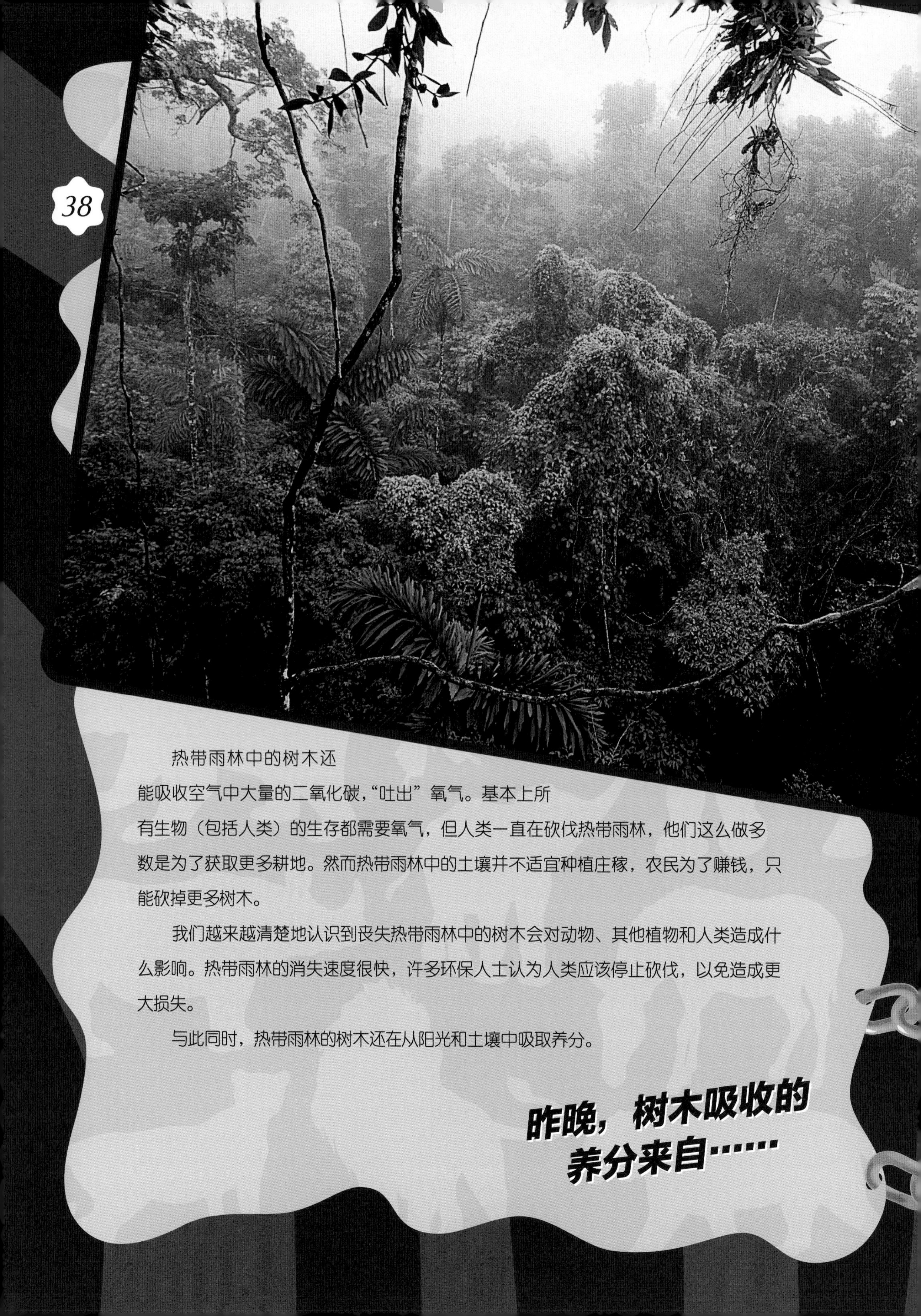

热带雨林中的树木还能吸收空气中大量的二氧化碳，“吐出”氧气。基本上所有生物（包括人类）的生存都需要氧气，但人类一直在砍伐热带雨林，他们这么做多数是为了获取更多耕地。然而热带雨林中的土壤并不适宜种植庄稼，农民为了赚钱，只能砍掉更多树木。

我们越来越清楚地认识到丧失热带雨林中的树木会对动物、其他植物和人类造成什么影响。热带雨林的消失速度很快，许多环保人士认为人类应该停止砍伐，以免造成更大损失。

与此同时，热带雨林的树木还在从阳光和土壤中吸取养分。

昨晚，树木吸收的养分来自……

美味的树

你知道吗？你喜欢吃的巧克力就是从热带雨林里来的。制作优质巧克力的原料就来自可可树，树上长着结满种子的硕大豆荚，那些种子就是可可豆。

巴西坚果树的果实很美味。不过你走在森林里的时候可要小心：巴西坚果重达2.3千克，当这么“胖”的坚果落下来时，着地的速度可达每小时80千米以上。坚果会裂开，里面全是能食用的种子。所以，戴着头盔进去捡坚果吃吧，哈哈！

犀角金龟 幼虫

请翻到第 46 页

真菌和其他分解者

请翻到第 26 页

狮面狨
【róng】

很不幸，这是个食物链的**终端**，在热带雨林里已经很难看见狮面狨的身影了。不久前，这些金毛碧眼长得跟孙悟空似的猴子还在树枝间荡来荡去。可现在，他们的家园被分割，栖息的树木被砍伐，土地被用来耕种，树木被当作木材和木炭。

不过，最近他们的情况好了很多。几十年前，科学家发现这种动物在野外只剩下400多只。到21世纪，研究人员预测狮面狨在野外大约有1 500只，不过他们的生存仍很艰难。

狮面狨生活在树木较低的部分，依靠原始森林生存。原始森林需要很长时间才能再生出粗壮的树干、灌木和藤本植物。如果这样的环境能恢复的话，狮面狨可以在动物园里出生后被放归野外。许多人都希望狮面狨能在新环境中茁壮成长，建立新的家庭。

新大陆猴

只有新大陆猴才有适于抓握的尾巴，非洲和亚洲的猴子不会像狮面狨那样使用尾巴。狮面狨常常用尾巴钩着树枝，去采摘更多的水果。此外，新大陆猴有36颗牙齿，而不是32颗，他们的鼻子也比旧大陆猴的更宽。

热带雨林食物链

能量沿着食物链传递，从太阳到植物，从植物到植食动物，从动物到吃它们的生物。能量也从死亡的动植物传递到植物和动物，因为死亡的动植物会被分解成养分供它们摄取。

睫角棕榈蝮

睫角棕榈蝮隐蔽在树枝间，你几乎看不到他们。他们可能是棕色、绿色、深黄色或黄色，以此来适应他们藏身的花朵的颜色。这名字挺秀气吧，其实是因为他们眼睛上突起的鳞片看上去像睫毛一样。配合着颜色，鳞片的形状也使他们看起来像树枝上的藤条。

这只睫角棕榈蝮静静地等着，也许有什么小动物会冒险路过。那时，他会猛地蹿出来，用致命的毒牙咬住猎物，然后把毒液注入猎物的身体。

睫角棕榈蝮特别喜欢吃鸟。虽然鸟会飞，捕食起来对他却不成问题。他的尾巴适于抓握，就是说他能把尾巴缠在树上，支撑起身体其他部分。如果有小鸟停在附近花朵上喝花蜜，他就会立起身子，在半空中咬住小鸟。

睫角棕榈蝮的毒液会麻痹猎物的中枢神经系统（脑、脊髓和神经），很快猎物就不能动，甚至不能呼吸了，在几分钟内致他们于死地。然后，睫角棕榈蝮就慢慢吞掉猎物。

昨晚的晚餐，睫角棕榈蝮吞下了……

一只在晒日光浴的**美洲鬣蜥**

请翻到第 12 页

一只在等着残留物的**蚁鸮**

请翻到第 10 页

一只**燕尾刀翅蜂鸟**

请翻到第 34 页

一只在凤梨科植物上休息的**双色雨蛙**

请翻到第 48 页

一只攀在树枝上的小**麝雉**

请翻到第 50 页

"你知道吗？"答案

1.D 2.B 3.D 4.C 5.D
6.C 7.A 8.A 9.A 10.B

藤本植物、攀缘植物和匍匐植物

热带雨林地表上方的高处是冠层，就是树冠交织在一起的地方。热带雨林的冠层由藤本植物、攀缘植物和匍匐植物（生长在表面的植物）交织而成。为了争夺更多的阳光，这类植物在树林里弯曲、攀缘、互相缠绕，或是悬挂垂吊在树枝间。像这样的植物，热带雨林里有2500多种，从像针一样的攀缘植物到会被你误认为树木的茂密的藤本植物，让人眼花缭乱。

这类植物一开始通常都是倚靠着树木生长的灌木丛。有时它们就会生出一两根卷须，卷须像蛇一样爬上树干，其他的依然独立生长。实际上，这类植物攀附树木的方式各种各样：抱茎卷须、有黏性的绒毛、刺和吸根——这些都是为了帮助植物向上生长获取阳光。

瓜拉那

瓜拉那是一种藤状的灌木，会结出小小的橘红色果实。几百年来，美洲土著人采集这种果实，用种子做一种流行的饮料。瓜拉那黑色种子的咖啡因含量比咖啡豆多4～5倍。巴西人收获这些种子，将它供应给一些公司生产碳酸软饮料和功能饮料，比如可口可乐。

绞杀榕

有的藤条是从冠层往下生长的。它们触到地面时，便会生根，绞杀榕就是如此。绞杀榕像一个框架一样盘绕在它所攀附的树木上，同时会在冠层生叶。最终，绞杀榕长出的树叶会把树木完全覆盖，像雨伞一样。树木没有阳光，就会死掉，只剩下绞杀榕孤零零地盘绕在已枯空的树干上顽强地生长。

昨晚，藤本植物、攀缘植物和匍匐植物吸取的养分来自……

犀角金龟 幼虫

请翻到第 46 页

真菌和其他分解者

请翻到第 26 页

犀角金龟

这只犀角金龟正在枯叶之间嗅来嗅去。一段腐烂的树枝挡住了他的去路，他毫不犹豫地低下巨大的角把树枝顶到一边。这不算什么，作为这个地球上最强壮的动物之一，他能背负相当于自己体重850倍的物体。想象一下，一头犀牛背着850头犀牛，或者你一次背起850个小孩!

成千上万的昆虫

亚马孙热带雨林中的昆虫数目非常惊人。单是一棵树上就有几千种、3 000多万只，如果你把这些昆虫全部收集起来，它们的重量会超过任何一种雨林中的生物。当然，树木本身就算了。

他急匆匆地爬走了。作为一个分解者，他把掉落的树叶和水果吃掉，清理着热带雨林的地面。但是当犀角金龟还是幼虫的时候，他更能干，他会爬过热带雨林的地面，把所有腐烂的木头都吃进肚子里，促进森林资源的循环。

昨晚的晚餐，犀角金龟吃了……

热带雨林中的树木 的叶子，比如掉落在地上的橡胶树叶子

请翻到第 37 页

真菌和其他分解者，比如长在树干上的真菌

请翻到第 26 页

凤梨科植物 的花

请翻到第 18 页

藤本植物、攀缘植物和匍匐植物 的叶子

请翻到第 44 页

双色雨蛙

在高高的冠层上，一只双色雨蛙趴在树叶上。她一生都在这里生活。北美的蛙类一般都生活在池塘或其他有水的地方，但在南美的热带雨林中，蛙类一般生活在树上，也称为树蛙。雨林中的空气湿度很高，所以雨蛙在树上既可以保持湿润，又不用担心地面和水里的捕食者。

雨蛙的脚掌上没有蹼，脚趾是分开的，这样就便于攀爬。她还有一双大眼睛，在黑暗中也能看见昆虫。

但是现在，这只雨蛙注意到了其他的东西。低处的树枝上传来咕咕声，原来那是一只雄性雨蛙。她爬下去见他，她会决定是否喜欢他，如果喜欢的话，他们就会交配。他们会一起找一片圆锥形的树叶，嗯，凤梨科植物就很不错。雨水积聚在叶子底部，形成一个小池塘，为雨蛙产卵提供了完美的环境。通常，一代又一代的雨蛙会年复一年地在同一个小池塘里长大。

雨林药剂

多年以来，南美土著把雨蛙皮肤上有毒的黏液刮下，用于仪式和治疗疾病。现代制药厂的研究人员对树蛙的黏液充满好奇，他们希望用这种物质研制出治疗脑部机能失调和其他疾病的药物，但雨林中可用于制药的物质不止这一种，许多植物的叶子也有相同的功效。

这项研究的前景看起来不错。不过，巴西政府介入了，他们知道制药厂能通过这种新药获得几百万甚至更多的利润，就要求制药厂和当地土著分享这些收入。

昨晚的晚餐，双色雨蛙抓到了……

一只在啃腐烂木头的**犀角金龟**

请翻到第 46 页

几只在较低树枝上的**白蚁**

请翻到第 36 页

一群**切叶蚁**

请翻到第 24 页

一只躲在树叶下的**圭亚那粉趾**

请翻到第 14 页

一条新生的**睫角棕榈蝮**

请翻到第 42 页

【shè】【zhì】麝雉

这只小麝雉正伸出他细细的几乎没有羽毛的脖子，期望妈妈能吐出一些暖暖的反刍团或已经咀嚼过的食物喂给他。不过因为他已经足够大了，妈妈没有喂他，而是离开了。

小麝雉没办法，只好用翅膀尖部的爪子抓住树皮，自己爬出窝找吃的。等到他再长大些，羽翼丰满以后，这些爪子就会脱落。现在，他用爪子慢慢爬向其他麝雉栖息的地方，四下张望着寻找能吃的叶子。

哦！小麝雉虽然没看到，但已经闻到了什么。他们喜欢沼泽植物，比如海芋。这些植物很难消化。麝雉让叶子在内脏里发酵或者腐烂来分解消化。腐烂的植物让麝雉臭气熏天，所以捕食者只有在饿得不行时才会想到吃这些臭鸟。

忽然，一声尖叫自丛林中传来。几只年长的麝雉张开翅膀，露出胸部。麝雉的胸口上有一块黑色斑点，黑斑外面长了一圈白色的羽毛，看上去就像一只大眼睛。许多捕食者看了都害怕，其他的鸟类看见也知趣地飞走了。麝雉们笨拙地沿着树枝走到另一棵树上。

小麝雉有他独特的本能。他松开爪子，“扑通”一声跌进下面的小水塘里，因为树枝上有一只找食物的猴子正在盯着他。很快，猴子到其他地方觅食了，小麝雉就可以慢慢地重新爬到树上。

麝雉属于哪个鸟类家族？

麝雉属于哪个鸟类家族？哪些鸟类是它们的亲戚？科学家就这些问题争论了很多年。麝雉的翅膀上长着爪子，这让许多科学家想起了一种史前鸟类——始祖鸟。另一些人认为它们和许多现代鸟类有亲缘关系，如雉鸡、鸡或火鸡。经过许多年的讨论，科学家们达成了一致：麝雉最近的亲戚是杜鹃。

昨天的晚餐，麝雉吃了……

藤本植物、攀缘植物和匍匐植物，比如攀缘植物的叶子

请翻到第 44 页

凤梨科植物的叶子

请翻到第 18 页

热带雨林中的树木的叶子

请翻到第 37 页

布氏游蚁

小心！50万只蚂蚁组成的庞大军团正迈着大步在热带雨林的地面上前进。他们虽然很小，但所到之处，大地开始震荡。所有的动物能跳的跳，能爬走的爬走，能飞的飞——都对他们敬而远之。动物们知道布氏游蚁会把一路上撞见的所有东西都吃掉。

蚂蚁军团的宽度相当于你卧室的宽度，长度相当于一个足球场的长度。他们像游牧民族那样生活着，没有固定的住所，每天早上出发穿过丛林去觅食，晚上找一个新的地方睡觉。

军团前部的蚂蚁负责攻击和杀死猎物。他们用巨大的上颚刺进他们经过的任何东西，但并不停下来处理猎物，跟在后面的蚂蚁接着做下面的工作：把猎物撕碎，运到蚂蚁军团的中间。

但是要小心！在军团边上，一只蜥蜴正吐着舌头张望。他并不是唯一在窥伺的动物，一些动物跟在蚁群后面想要吃蚂蚁留下的免费食物，有些动物甚至还想捉几只蚂蚁尝尝。

不过蜥蜴没能得逞，一只兵蚁用上颚钳了他一下。蜥蜴可不想变成蚂蚁的盘中餐，所以很知趣地跑开了。

越来越多的蚂蚁朝蚁群中间爬过来。尽管蚂蚁没有视力，但他们也不会撞到对方。领头的蚂蚁会留下痕迹，后面的蚂蚁都会顺着痕迹行动，不久就形成了“行车道”。事实上，蚂蚁的这一特性让人类也开始研究蚂蚁的“交通法规”，看是否能解决人类的交通混乱问题。利用这样的“行车道”，蚁群在突袭中能抓获和杀死3万多只动物！

该休息了，工蚁们互相把足勾连在一起组成临时巢穴，将它当作露营地，里面储存着来之不易的战利品。

在游牧状态中，布氏游蚁每天都像这样行军、捕猎。

蚂蚁缝合术

你被割伤过吗？到医院去缝过针吗？缝合能使伤口闭合，能加快伤口愈合。南美土著人有时用布氏游蚁缝合伤口。他们把兵蚁巨大的上颚按在伤口上，蚂蚁在伤口四周啃咬，把皮肤边缘连接起来。然后土著人折断蚂蚁的身体，把上颚留在皮肤上，这样伤口就会停止流血并痊愈。

就在昨晚，他们捕获了……

一只被蚂蚁大军吓到的**犀角金龟**

请翻到第46页

一只没来得及逃跑的小**美洲鬣蜥**

请翻到第12页

一只从窝里掉下来的**蚁鸥**

请翻到第10页

一只被蚁群捉到的**圭亚那粉趾**

请翻到第14页

动物小档案

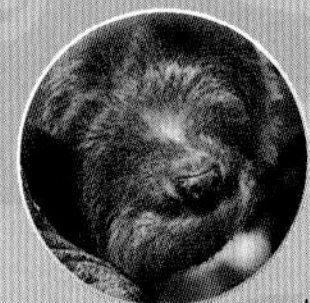

二趾树懒

生活于南美洲。二趾树懒是夜行性食草动物，栖息于雨林中。

双色雨蛙

一种树蛙，栖息于南美亚马孙热带雨林。夜行性动物，捕食小型昆虫。

巴拿马水豚

半水栖的食草动物，也是世界上体型最大的啮齿类动物。分布在南美洲安第斯山以东的热带和温带地区。

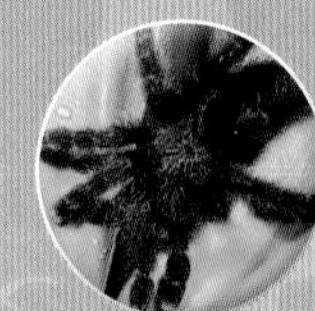

圭亚那粉趾

属于捕鸟蛛，性情温顺，一般没有攻击性，毒性较低。栖息于雨林地区。

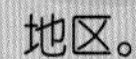

美洲鬣蜥

又名绿鬣蜥，是一种生活在树上的大型蜥蜴。幼年时以昆虫或小动物为食，而在成年后改以植物的叶、嫩芽、花、果实为食物，主要栖息于热带雨林有水的地方。

蚁鸥

喜食昆虫，其中一些物种专喜食蚂蚁，或追随蚁群啄食被蚁群驱赶出来的昆虫和其他小型节肢动物。分布于中美洲和南美洲的不迁徙鸟类。

燕尾刀翅蜂鸟

家域广阔，全球种群数量和种群趋势未知，但被描述为“相当常见的鸟类”，主要分布于南美，包括哥伦比亚、圭亚那、厄瓜多尔、巴拉圭、巴西、智利、阿根廷等地。

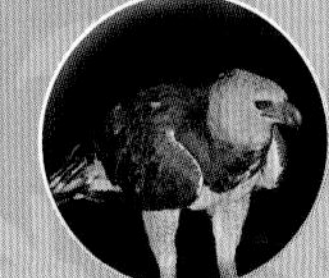

角雕

又名哈佩雕或哈比鹰，是美洲最大及最强壮的猛禽，多栖息在热带低地森林的冠层。它们也是世界上最大型的鹰之一。其猎物主要为栖于树上的哺乳动物，也会攻击其他鸟类，如金刚鹦鹉。

大犰狳

地栖动物，生活于森林或气候温暖而干旱的沙丘及仙人掌丛生的地方。以昆虫、无脊椎动物（如蜗牛、蚯蚓等）、尸肉、蛇及植物为食。

黑吼猴

西半球体型最大的猴子。分布于巴拉圭至阿根廷北部。主要以果实、树叶和种子为食。成群活动，喉部很大，可发出很响的叫声。

食蚁兽

主要栖于潮湿的森林和沼泽地带，白天或晚上活动，善游泳，以蚂蚁、白蚁及其他昆虫为食。

狮面狨

也叫金狨，主要生活在巴西的潮湿森林中，栖于树冠上层，很少到地面活动。狮面狨以昆虫为食，此外也吃其他小动物和水果。

美洲豹

也叫美洲虎，产于美洲靠近河流、港湾的森林中。捕食鹿、貘、野猪、猴等，也吃各种鸟类，还能在浅水中捕鱼，有时也袭击家畜。

白蚁

也称为螱，社会性昆虫，它的身体比较软弱，体形偏扁。白蚁是最古老的社会性昆虫中的一种。常见于热带和亚热带，危害极其严重。

犀角金龟

因头部上方有一根无分叉的犄角状的突起而得名。分布于南美热带雨林，植食性。

睫角棕榈蝮

也叫睫毛蝰蛇，树栖性，主要栖息在棕榈树上。剧毒蛇，生活在树丛或花丛及周围，以伏击的方式捕食鸟类及青蛙、小鼠等。

切叶蚁

居住于中南美洲亚马孙雨林的蚁类，以切割叶子而得名。被切下的叶子被搬进蚁穴后，还会被弄碎成黏糊状的叶糊。叶糊上会长出真菌来，而这些真菌会成为切叶蚁的食物来源。

布氏游蚁

栖息于南美洲热带雨林的蚁类。以聚集成庞大的狩猎群体著称，从不筑巢，只会集合成暂时的群落，分成大小不同的兵蚁和工蚁，体型大的兵蚁会负责处理较大的猎物。

水蚺

无毒蛇，主要栖息于南美洲热带丛林中的沼泽、湿地与宁静的河川中，为蚺科体型最大的成员，同时也是世界最大的蛇之一。食物种类相当多元，包括鱼类、鸟类、许多哺乳类与爬行类。

麝雉

又叫爪羽鸡，它的身体有一股强烈的臭味，当地人又叫它“臭安娜”。主要栖居于热带地区经常遭到水淹的树林中。以叶片、花、果实等为食，兼吃小鱼、虾蟹。

多一点小知识

捕食者：捕食其他动物的动物。

濒危：动物和植物处于灭绝的危险状态。

初级消费者：以植物为食的动物。

传粉：把花粉从一朵花传递给另一朵花，被传递的花粉使授粉的花可以产生种子。

次级消费者：以其他动物或昆虫为食的小型动物和昆虫。

顶级消费者：那些天敌很少，以其他动物为食的动物。

分解：动物死亡后或植物枯萎后的腐烂分解。

分解者：以枯萎的植物或死亡的动物为食的生物，例如昆虫、细菌。

附生植物：依附于其他生物生长，但从空气和雨水中获得水和养分的植物。

林冠：森林中树木顶部构成的最高的树枝层。

猎物：被其他动物捕食的动物。

栖息地：植物或动物生活和生长的地方。

群：生活在一起的动物的群体，如黑猩猩群。

食肉动物：以其他动物为食的动物。

食碎屑者：以吃其他动植物的废物为生的生物。

食物链：一个系统，在这个系统中，通过捕食与被捕食的过程，能量由太阳传递到植物和动物。

食物网：由许多相互连接的食物链组成。

细菌：一类单细胞微生物。

物种：一系列有亲缘关系的动物或植物。

新大陆：北美、中美和南美大陆。

营养：有助于植物或动物生存的物质，特别是食物中的物质。

幼虫：昆虫的一生中像蠕虫一样的阶段，这个阶段位于卵和成虫之间。

雨林：在正常情况下每年降水量超过406厘米的茂密森林。

抓握能力：能抓住物体或固定在物体上的能力。

你知道吗？

（答案在书中找）

1

谁说杀手就一定不修边幅，（　　）就很爱美，还涂着“指甲油”，哈哈！

A.白蚁　B.布氏游蚁　C.棕色遁蛛　D. 圭亚那粉趾

以下哪种生物不是热带雨林食物链的一部分？（　）

A狮面狨　B.短吻针鼹　C.睫角棕榈蝮　D.热带雨林中的树木

3

下面哪个群体跟白蚁的亲缘关系最近？（　）

A.蚂蚁　B.蜘蛛　C.甲虫　D.蟑螂

分解者是食物链中不可或缺的一环，不过他们也不是万能的，以下这些生物，哪个是分解者暂时解决不了的？（　）

A.一只美洲豹的尸体　B.一朵掉落的凤梨花

C.木质的攀缘植物和藤本植物　D.可可树的果实

5

开饭啦！一只蚁䴗来到了自助餐厅，你觉得以下哪道菜他不爱吃？（　）

A.油炸蟋蟀　B.清蒸甲虫　C.蜘蛛寿司　D.酱香布氏游蚁

在经典小说《哈利·波特》中，有以下哪种动物的原型出场？（　　）

A.雪鸮　B.睫角棕榈蝮　C.角雕　D.黑吼猴

7

以下哪种动物可能有很多种颜色，以此来便于隐藏？（　　）

A.睫角棕榈蝮　B.燕尾刀翅蜂鸟　C.叶泡蛙　D.美洲鬣蜥

刚才有位捕食者明明看到了麝雉，觉得不是太饿，就转身走了。你觉得这位捕食者是因为麝雉的什么特征才这么痛快放弃的？（　）

A.腐烂的植物让麝雉臭气熏天　B.麝雉身上的某个部位有毒

C.麝雉的羽毛太硬，扎嗓子　D.打不过麝雉

9

身为鳄鱼，短吻鳄已经算够厉害的了吧，不过有种动物他还是很害怕的，因为他敌不过那家伙的一百颗牙齿。你觉得那家伙是谁？（　　）

A.水蚺　B.美洲鬣蜥　C.狮面狨　D.大犰狳

以下哪个叙述不是热带雨林凤梨科植物的特点？（　　）

A.附生植物，但能自己获取养分　B.大多数都长在地面上

C.每株都只有一朵花　D.叶子茂密重叠